jamovi를 이용한 사회과학연구방법론 시리즈 통계적 방법 #2

# t검정과 일원분산분석

**정병삼** 저

도서출판 양서각

## jamovi를 이용한 사회과학연구방법론 시리즈:

#1 빈도분석과 기술통계

#2 t검정과 일원분산분석

#3 다원분산분석

#4 카이제곱 검정

#5 상관분석과 회귀분석

#6 공분산분석

#7 반복측정분산분석

#8 다변량분석

#9 로지스틱스 회귀분석

#10 다층분석

#11 요인분석

#12 구조방정식모형: 경로모형

#13 구조방정식모형: 구조모형

#14 구조방정식모형: 잠재성장모형

#15 구조방정식모형: 부트스트래핑

#16 구조방정식모형: 다집단분석

#17 척도개발

#18 메타분석

#19 시계열분석

#20 심리검사

# 저자소개

## 정병삼

University of Virginia 박사(Ph.D. in Research, Statistics, & Evaluation)

現 육군3사관학교 심리학과 교수

저서

군 교육훈련관리자를 위한 고수/학습의 이해(공저, 양서각, 2013)

군 교육훈련관리자를 위한 교육이론과 실제(양서각, 2017)

jamovi를 이용한 사회과학연구 시리즈#1(양서각, 2022)

논문

초기 청소년들이 교사와의 관계에서 지각하는 신뢰와 친밀감의 발달궤적 등 다수

# 머리말

본서는 jamovi를 이용하여 기초통계부터 고급통계에 이르기까지 누구나 쉽게 통계분석을 연구에 활용할 수 있도록 안내하는 데 목적이 있다. 시리즈 #1에서는 jamovi를 이용한 빈도분석과 기술통계를 소개했는데, 2편에서는 t검정과 일원분산분석을 안내하려고 한다. t검정과 일원분산분석은 기초통계학에서 가장 사용빈도가 높은 분석기법들인데, 특히 실험설계와 자료분석에서 유용하게 사용된다.

이에 따라서 본서에서는 심리학, 교육학 등 행동과학에서 사용하는 t검정과 일원분산분석을 자세하게 소개하고, jamovi에서 분석하는 방법을 제시한다. 또한 참고를 위해 SPSS 22.0에서 t검정과 일원분산분석을 구현하는 방법을 함께 제시하여 독자의 이해를 돕도록 하겠다. 아무쪼록 본서를 통해서 어떤 독자든지 쉽게 jamovi를 사용하고, 교육 및 연구, 비즈니스 등에 활용할 수 있기를 바란다.

2023. 5. 30

저자 씀

# 목차

## 제1부 빈도분석과 기술통계

## 제2부 t검정과 일원분산분석

# 1장 jamovi설치 및 기능소개

## 1.1 jamovi 소개

jamovi[1]는 통계학, 자연과학, 소프트웨어 개발 등에 종사하는 매우 개방적 마인드를 가진 개발자에 의해서 2017년도 시작되어 2019년에 버전 1.0이 공개되었다. jamovi를 개발한 사람들은 Jonathon Love, Damian Dropmann, Ravi Selker 등으로 이들은 모든 사람들이 무료로 쉽게 통계분석에 접근하려는 의도로 프로젝트를 시작했고, 현재도 확장해나가고 있다.

## 1.2 jamovi 설치

jamovi는 R프로그램의 패키지인 jimv를 바탕으로 개발되어 R과 연동이 가능한 무료 오픈소스 통계프로그램이다(free and open statistical software). jamovi를 설치하려면 웹사이트 https://www.jamovi.org/에서 다운로드를 받아 설치할 수 있다. 아래에는 jamovi 웹사이트 초기화면이 제시되어 있다.

1 jamovi 홈페이지: https://www.jamovi.org

화면 상단 우측에 있는 메뉴 가운데 download를 클릭하면 시스템에서 권장하는 solid 버전을 다운받을 수 있다.

solid는 안정화된 버전으로 거의 모든 사용자들에게 권장되고, current는 가장 최신 버전을 제공한다. solid 버전을 클릭하면 아래와 같이 설치를 시작할 수 있다.

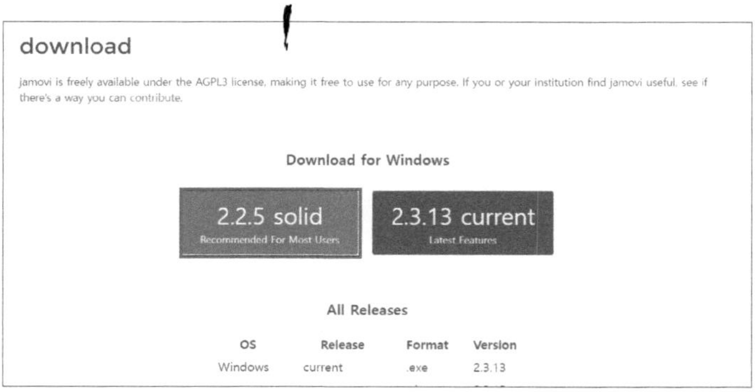


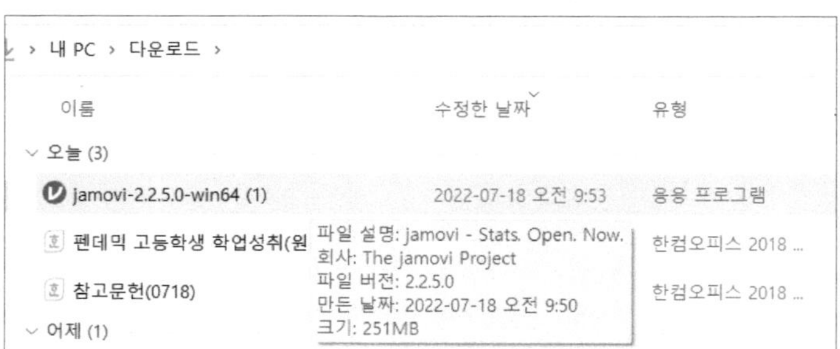

설치가 완료되면 다음과 같은 시작화면을 볼 수 있다.

## 1.3 jamovi의 다양한 기능키

jamovi가 설치되면 좌측 상단의 메뉴바를 클릭하여 다양한 명령을 내릴 수 있다. 메뉴바의 각 기능은 다음과 같다.

| 메뉴 | 기능 |
| --- | --- |
| New | 새로운 데이터를 입력 |
| Open | 기존의 데이터 파일을 불러오기 |
| Save | 데이터나 프로젝트를 저장하기 |
| Save As | 데이터나 프로젝트를 다른 이름으로 저장하기 |
| Export | 데이터나 프로적트를 다양한 형식의 파일로 저장하여 내보내기 |

jamovi는 SPSS, Stata, SAS 등을 포함한 다양한 형태의 파일을 불러올 수 있지만, 기본적으로는 Excel 형식인 .csv파일을 많이 사용한다. 아래는 New 메뉴를 클릭하여 새로운 파일을 불러온 모습이다. 또한 Open메뉴를 클릭하여 기존의 '연습문제' 파일을 불러오는 모습이다.

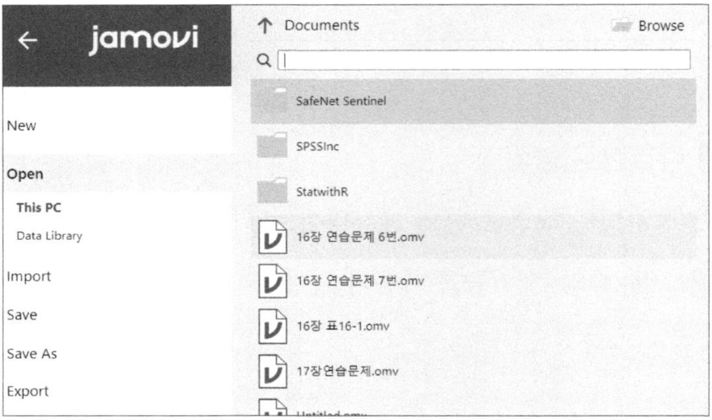

새로운 파일을 시작하여 데이터를 입력하거나, 기존의 파일을 불러내 작업을 했다면 데이터 소실을 방지하기 위해 작업 중간이나, 마지막에 저장을 해야 한다. Save와 Save As 기능을 사용하여 새로운 jamovi파일(.omv)로 저장하는 모습이 아래 그림에 제시되어 있다.

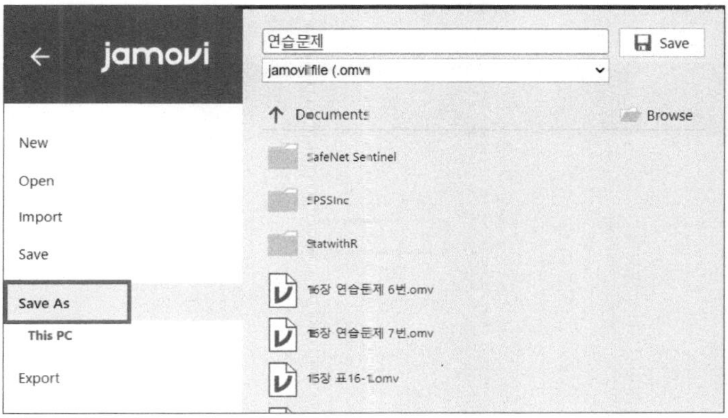


데이터를 저장할 때는 Export 기능을 사용해서 다양한 유형으로 저장할 수 있는데, pdf, html, csv, sav 등 본인에게 필요한 형태를 지정하여 저장하고, 추후 필요할 때 불러올 수 있다.

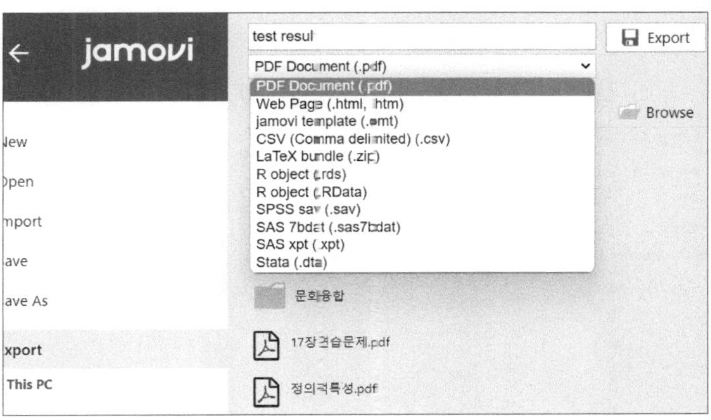

jamovi를 설치한 default 모듈은 기본적인 분석이 가능하지만 기본 프로그램 이외에도 추가적으로 필요한 분석프로그램을 설치할 수 있다. 분석모듈을 추가하기 위해서는 Analysis 창의 오른쪽 끝에 있는 '+Modules' 탭을 클릭한 후, 하위 항목 중 'jamovi library'를 클릭하여 원하는 모듈을 추가 설치하면 된다.

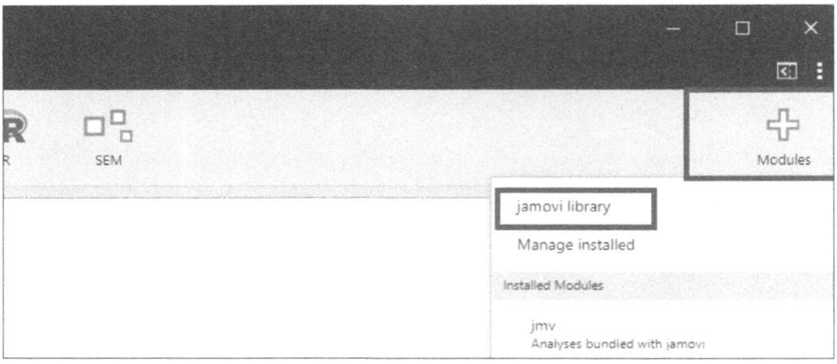


추가분석 항목에는 scatr, Rj, jpower 등 기초통계로부터 고급통계에 이르기까지 다양한 모듈을 제공한다.

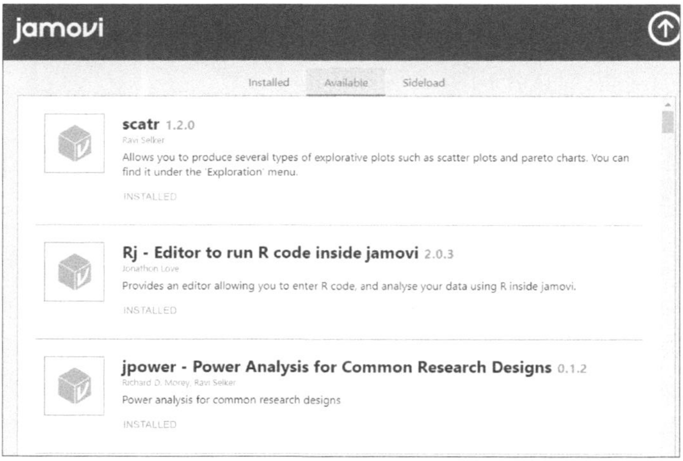

# 2장 통계의 기본개념

## 2.1. 변수의 다양한 유형

상수(constant)란 변하지 않은 수로서 해의 개수(=1), 자연상수(e=2.718281828459…), 원주율($\pi$=3.141509…) 등이 있고, 변수는 변하는 수로서 성별(남 or 여), 등수(1등, 2등, …, n등), 시험점수(1점, 2점, …, 100점), 길이(1km, 2km, …, nkm) 등이 있다. 변수는 크게 4가지로 구분되는데, ① 명목변수(nominal variable)는 사람, 사물의 명칭을 나타내는 것으로 예를 들어, 성별, 혈액형, 거주지역 등이 있다. ② 서열변수(ordinal variable)는 등위나 크기를 나타내지만 그 간격이 일정하지 않은 것으로 예를 들어 등수, 학력 등이 있고, ③ 등간변수(interval variable)는 간격이 일정하되 임의의 영점을 가진 변수로서 온도, 토익성적 등이 있으며, 등간변수는 덧셈과 뺄셈이 가능하다. ④ 비율변수(ratio variable)는 간격이 일정하고, 절대적인 영점을 가진 것으로 거리, 무게, 속도 등 거의 모든 물리적인 척도로서 사칙연산이 모두 가능하다. 명목변수와 서열변수는 그 자체로 수량적 의미가 없거나 한정적이어서 질적 변수(qualitative variable)라 하고, 등간 변수와 비율변수는 수량적 의미가 있어서 양적변수 (quantitative variable)라고 한다. 이를 정리하면 아래 표와 같다.

| 범주 | 변수명 | 속성 | 예 |
|---|---|---|---|
| 질적 변수 | 명목 | 사람, 사물의 명칭을 나타내고, 수량적 의미는 없음 | 남자=1, 여자=2 |
| | 서열 | 크기, 등위 등을 나타낼 수 있으나, 간격이 일정하지 않음 | 1등=100점, 2등=93점, 3등=80점 … |
| 양적 변수 | 등간 | 간격이 일정하고, 임의의 영점을 가지고 있으며, 덧셈과 뺄셈이 가능함 | 온도(0°C는 온도가 없는 것이라 아니라 물이 어는점) |
| | 비율 | 일정한 간격과 절대영점을 가지고 있으며, 사칙연산이 모두 가능함 | 무게(2kg은 1kg의 2배, 10m는 2m의 5배) |

변수의 속성을 명확하게 이해하고 있어야 그에 따라 적합한 분석 기법을 적용할 수 있다. 예를 들어, 명목변수는 빈도분석과 카이자승 검증이 가능하고 , 서열변수는 카이자승 검증을 적용할 수 있다. 등간변수와 비율변수는 연속변수(continuous variable)라 하며 상관분석, t-test, F검정 등 모든 기술통계 및 추리통계의 적용이 가능하다.

jamovi에서는 명목변수, 서열변수, 그리고 연속변수로 변수를 나누고, 각 변수마다 그림으로 나타낸다. 데이터의 유형에는 Text(문자), Integer(정수), Decimal(소수점을 포함한 수)등이 있다.

**▼ 명목변수**

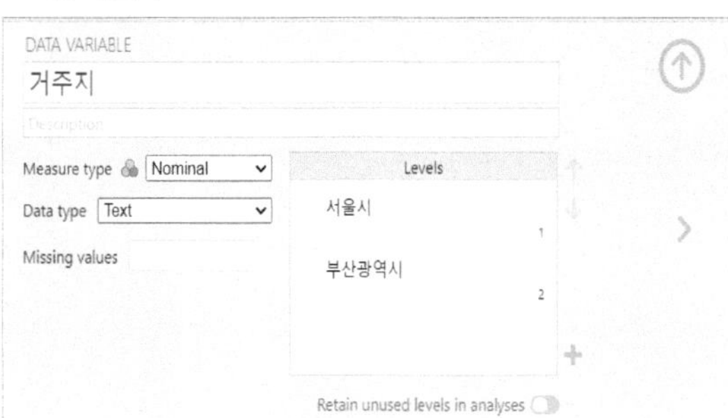

### ▼ 서열변수

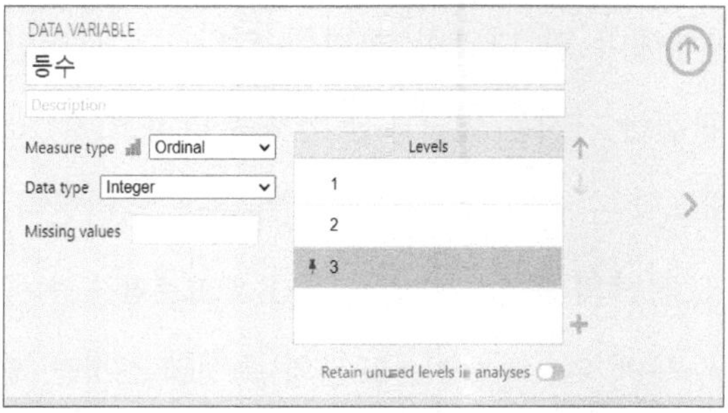
DATA VARIABLE
등수
Description
Measure type
Ordinal
Data type
Integer
Missing values
Levels
1
2
3
Retain unused levels in analyses

### ▼ 연속변수

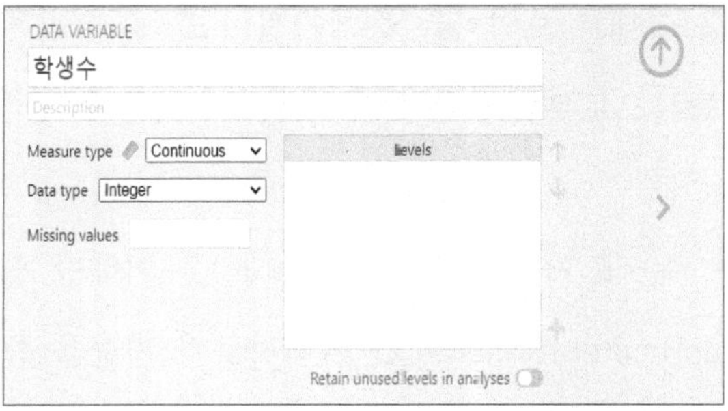
DATA VARIABLE
학생수
Description
Measure type
Continuous
Data type
Integer
Missing values
Levels
Retain unused levels in analyses

## 2.2. 통계분석을 위한 다양한 개념

통계분석을 위해서 이해해야 할 다양한 개념이 있다. ① 모집단(population)은 연구자가 관심을 가지는 연구대상 전체를 말하고, ② 표본(sample)은 모집단을 대표할 수 있도록 추출된 일부분을 의미한다. ③ 모수치(parameter)는 모집단의 속성(모평균, 모분산, 모표준편차 등)을 나타내는 수치를 말하고, ④ 통계치(statistic)는 표본의 속성(표본 평균, 표본 분산, 표본 표준편차 등)을 나타내는 수치이다. ⑤ 기술통계(descriptive statistics)는 표본의 속성을 그대로 요약하는 통계기법이고, ⑥ 추리통계(inferential statistics)는 표본으로부터 얻은 통계치로 모수치를 추정하는 통계기법이다.

통계분석을 하기 위해서는 몇 가지 가정(assumptions)을 이해할 필요가 있다. ① 정규분포(normal distribution) 가정은 자료가 평균을 중심으로 좌우 대칭인 분포를 의미하고, ② 관찰값의 독립성(independent distribution) 가정은 모집단으로부터 한 개의 사례를 추출할 때 다른 사례가 추출될 확률에 영향을 주지 않는 것을 의미한다. ③ 분산의 동일성(homoscedasity) 가정은 자료가 흩어진 정도가 균일한 것을 의미하고, ④ 선형성(linearity) 가정은 두 가지 변수가 변화한다면 함께 증가하거나, 함께 감소하는 단조성을 가지는 것을 의미한다.

통계분석 기법에 따라서 위에서 제시한 가정들이 달라지는데 예를 들어 ① Z검정의 경우는 정규분포 가정, 등분산성 가정 등이 필요하고, ② t검정의 경우도 정규분포 가정, 등분산성 가정 등이 만족되어야 한다.

## 2.3. 중심경향값

중심경향값(measure of central tendency)은 자료를 도표화했을 때 특정 지점에 몰리는 값으로 평균, 중앙값, 최빈값 등이 있다. ① 평균(mean)은 전체 데이터의 값을 합산한 후 사례수로 나눈 값을 말하는데, 이를 산술평균이라고도 하고, $M$으로 표기한다. ② 중앙값(median)은 자료 중 가장 작은 수부터 가장 큰 수까지 배열했을 때 가장 중앙에 위치하는 값을 말한고, $M_d$로 표시한다. ③ 최빈값(mode)은 자료의 분포 중 가장 많은 빈도로 나타나는 값을 의미하고, $M_o$로 표시한다.

## 2.4. 분산도

분산도(variation)는 자료가 흩어진 정도를 의미하는데, 중심경향값과 함께 기초통계의 중요한 요소이다. 두 집단의 평균이 동일하더라도 자료가 흩어진 정도가 다르다면 두 집단의 통계적 성질은 다르게 보아야 한다. 분산도를 나타내는 통계치에는 ① 범위(range)가 있는데 최고값에서 최저값을 빼고 여기에 측정 단위를 더해준 값으로 분산도를 나타내는 가장 단순한 통계치이다. ② 사분위편차(quartile deviation)는 자료를 크기순으로 배열한 후 4등분한 값 중에서 $Q_3$에서 $Q_1$을 뺀 후 그 값을 2로 나눈 값이다. ③ 분산(variance)은 각 사례에서 평균을 뺀 편차값를 제곱한 후 그 값을 모두 더하고, 사례수로 나눈 값이다 ($s^2 = \frac{\Sigma(Y_i - \overline{Y})^2}{n}$).

④ 표준편차(standard deviation)는 분산에 제곱근을 취한 값이다 ($s = \sqrt{\frac{\Sigma(Y_i - \overline{Y})^2}{n}}$).

## 2.5. 정규분포

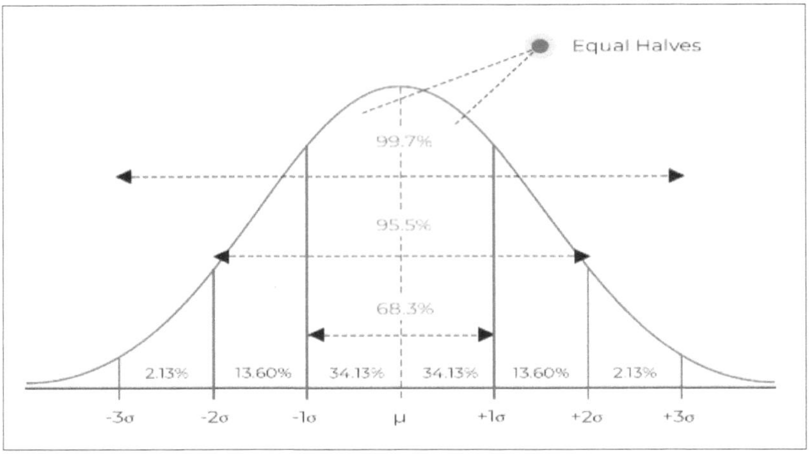


정규분포(normal distribution)란 통계적 추정과 가설검정의 기본적인 가정에 해당하는 분포로서 20대 성인 남성의 키, 신발 사이즈 등 물리적 속성의 분포부터 시작하여 지능지수(IQ), 자아개념 등 심리적 속성의 분포에 이르기까지 거의 모든 사회적, 자연적 현상이 정규분포에 해당한다. 정규분포의 속성으로는 ①평균=중앙값=최빈값이 일치하고, ② 좌우대칭인 단봉분포(unimodal)이며, ③ 종모양(bell curve)의 연속분포 등이 있다. 평균 $\mu$를 중심으로 좌우 1표준편차($+1\sigma$, $-1\sigma$)에 전체 사례수의 68.3%가 위치하고, $\mu \pm 2\sigma$에 전체 사례수의 95.5%가 위치하며, $\mu \pm 3\sigma$에 전체 사례수의 99.7%가 위치한다.

## 2.6. 첨도와 왜도

분산이 크면 분포의 높이가 낮고, 분산이 작으면 분포의 높이가 높다. 분포가 뾰족한 정도를 첨도(kurtosis)라고 하는데, 뾰족한 분포를 급첨(leptokurtic)이라고 하고, 분포가 완만하면 평성(platykurtic)이라고 한다. 왜도(skewness)는 분포가 왼쪽 또는 오른쪽으로 치우친 정도를 말하는데, 왼쪽으로 치우쳐있으면 왜도가 양수(+)가 되고, 오른쪽으로 치우쳐있으면 왜도가 음수(-)가 된다. 이렇게 정규분포보다 좌우측으로 기울어진 분포를 편포라고 하는데, 꼬리가 왼쪽으로 치우쳐있으면 부적 편포(negatively skewed)라고 하고, 꼬리가 오른쪽으로 치우쳐있으면 정적 편포(positively skewed)라고 한다.

## 2.7. 표준오차

앞서 제시한 표준편차(standard deviation)는 사례수들 간의 차이를 나타내는 값이고, 표준오차(standard error)는 동일한 개인에게 반복측정하여 얻은 점수의 차이 또는 모집단에서 동일한 크기의 표본을 반복추출하여 얻은 값의 차이를 계산한 것이다.

$$SE = \sqrt{\frac{\sum_{i=1}^{N}(X_i - \overline{X})^2}{n}}, \qquad \frac{s}{\sqrt{n}}$$

## 2.8. 표준점수

어떤 검사나 시험을 서로 다른 집단에 시행하거나, 동일한 집단에 서로 다른 시험이나 검사를 시행한 후 그 평균점수를 비교하려면 분산이 동일해야 한다. 그러나 분산이 다를 경우에는 그 차이를 조정하여 평균을 비교해야 한다. 즉, 원점수에서 평균을 뺀 점수를 표준편차로 나눠주면 개인의 점수가 집단 평균에서부터 몇 표준편차 앞서있는지 또는 뒤에 있는지를 비교할 수 있다. 이를 표준점수(standard score)라고 하는데, 여기에는 ① Z점수, ② T점수 등이 있다.

① Z점수는 원점수(X)에서 집단의 평균점수($\mu$)를 뺀 편차점수를 표준편차($\sigma$)로 나눠주어서 산출한다($Z=\dfrac{(X-\mu)}{\sigma}$).
원점수가 집단평균보다 높으면 Z점수는 양수(+)가 되고, 원점수가 평균과 동일하면 Z점수는 0이 되며, 원점수가 평균보다 낮으면 Z점수는 음수(-)가 된다. 원점수를 표준점수로 변환하더라도 원점수 분포는 그대로 유지된다.

② T점수는 Z점수가 음수나 소수점으로 나타나서 계산하기에 번거로움이 발생한다. 이러한 점을 피하기 위해서 평균점수는 50, 표준편차를 10점으로 변환한 점수를 T점수라고 한다(T=50+10Z). Z점수의 0은 T점수의 50점이 되고, Z점수에 10을 곱한 만큼 점수가 변화한다.

# 3장 빈도분석

빈도분석은 기술통계의 기본으로서 자연현상이나 사회현상이 발생하는 빈도(frequency)를 그림, 그래프, 표 등으로 표현하는 기법이다. 사회과학에서는 발생하는 현상을 그래프로 자주 표현하는데, jamovi와 SPSS를 사용하여 빈도분석을 진행하는 방법을 살펴보겠다.

## 3.1. 그래프의 정의와 기능

그래프는 자료를 시각적으로 보여줌으로써 직관적으로 이해할 수 있도록 도와준다. 사실 숫자로만 나열되어 있는 데이터를 한 눈으로 간파하기는 쉽지 않고, 지금처럼 매시간 데이터가 대용량으로 축적되는 사회에서는 자료를 일목요연하게 요약하는 기법이 필수적이다. 그래프의 뜻은 자료를 시각적으로 요약하는 기술이라고 할 수 있는데, 그 주요기능으로서 ① 자료가 어떤 값을 중심으로 모이는 경향이 있는지를 보여주고, ② 자료 속에서 개인 혹은 집단 간의 분표차이를 보여주며, ③ 변수들 사이의 연관성을 보여준다.

## 3.2. 그래프 도식의 원칙

그래프가 방대한 데이터를 일목요연하게 보여주기 위해서는 몇 가지 원칙을 지키는 것이 좋다. ① 독립변수는 X축, 종속변수는 Y축에 도식하여, X의 변화에 따라서 Y값이 변화하는 것을 효과적으로 보여주려면 횡축에 독립변수, 종축에 종속변수를 도식한다. 예를 들어서 학습량에 따른 성적의 변화를 보여주는 그래프를 아래와 같이 도식할 수 있다.

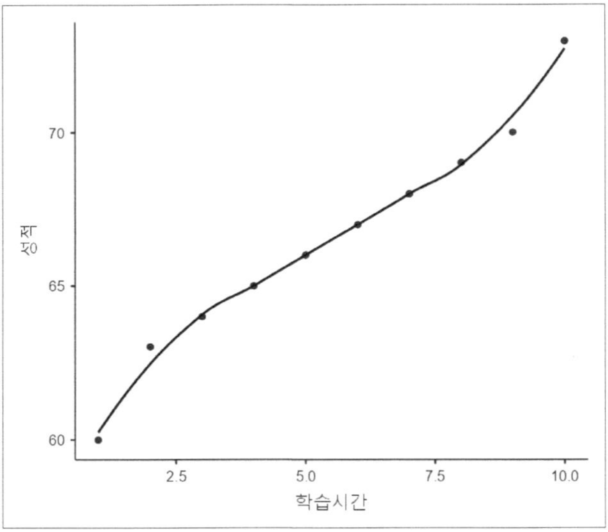

② 독립변수와 종속변수가 의미하는 바를 설명하고, 단위를 추가한다. 위의 예시와 같은 경우 X축은 시간, Y축은 점수라고 표시한다.

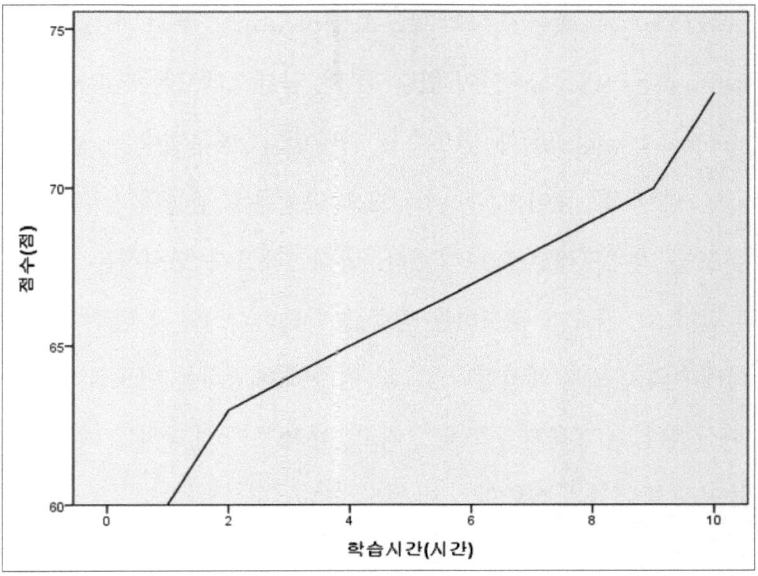


③ 자료의 범위와 변화를 표시하기 위해서는 X축과 Y축 내 자료구간을 일정한 간격으로 유지한다. 그리고 가능한 X축을 길게, Y축은 상대적으로 짧게 도식한다. 또한 직관적으로 그래프를 이해할 수 있도록 눈금 단위는 5 또는 10단위로 하는 것이 좋다.

## 3.3. 그래프의 종류

그래프에는 막대 그래프(bar graph), 선 그래프(line graph), 히스토그램(histogram), 도수분포다각형도표(polygon), 누가백분율도표(cumulative percent graph) 등이 있다. 첫째, 막대그래프는 변수가 명목변수(nominal variable)일 때 빈도수를 나타낸다. 명목별수는 성별, 직업, 전공, 거주지역  등이 있다. 아래 표와 그림은 학생들의 거주지역에 따른 분포를 막대그래프로 나타냈다. 막대그래프를 도식하는 절차는 다음과 같다. ① 자료가 분포하는 범주를 확인한다. ② 각 범주에 해당하는 사례수의 빈도를 계산한다. ③ 각 범주에 해당하는 빈도를 백분율(%)로 환산한다. ④ X축과 Y축을 그리고, 각 범주에 해당하는 백분율만큼의 높이로 막대를 도식한다.

| 지역 | 학생수 | 퍼센트 |
|---|---|---|
| 서울 | 200 | 22.73 |
| 경기 | 250 | 28.41 |
| 인천 | 100 | 11.36 |
| 충남 | 70 | 7.95 |
| 충북 | 60 | 6.82 |
| 강원 | 40 | 4.55 |
| 전북 | 30 | 3.41 |
| 전남 | 35 | 3.98 |
| 경북 | 40 | 4.55 |
| 경남 | 35 | 3.98 |
| 제주 | 20 | 2.27 |
| 계 | 880 | 100.00 |

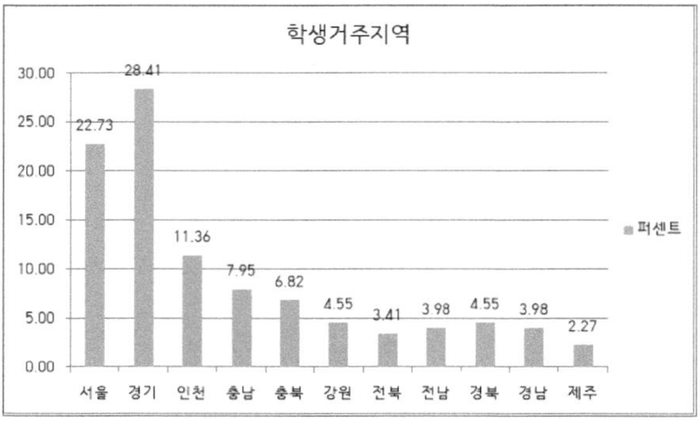

둘째, 선그래프는 변수가 양적변수이고 비연속적일 때 주로 사용하는데, 여기서 비연속적이란 소수점으로 나타나지 않고 특정 자연수로만 표시되는 변수로서 사람의 수, 자동차의 대수 등을 의미한다. 그러나 선그래프는 범주가 양적변수로 너무 넓고, 각 범주에 해당하는 사례수도 다양해서 도식하더라도 직관적으로 데이터의 속성을 파악하기 어렵다. 따라서 현대 통계학에서는 잘 사용하지 않는다.

셋째, 히스토그램은 변수가 양적 연속변수일 때 사용하는데, 히스토그램을 도식하는 절차는 다음과 같다. ① 연속성을 위한 교정값을 계산한다. ② 변수의 범위를 설정한다. ③ 변수를 도식할 횡축을 적절한 급간으로 나누는데, 급간의 수는 8~10개 정도가 적절하다. ④ 각 급간에 해당하는 사례수의 빈도수를 계산한다. ⑤ 각 빈도수의 백분율을 계산하다. ⑥ 백분율만큼 길이로 닥대를 그린다. 아래에는 기말고사 성적에 따른 급간과 빈도, 백분율을 보여주는 표와 히스토그램을 제시했다.

| 급간 | 빈도 | 퍼센트 |
|---|---|---|
| 20.5~25.5 | 2 | 2.08 |
| 25.5~30.5 | 4 | 4.17 |
| 30.5~35.5 | 5 | 5.21 |
| 35.5~40.5 | 8 | 8.33 |
| 40.5~45.5 | 8 | 8.33 |
| 50.5~55.5 | 15 | 15.63 |
| 55.5~60.5 | 18 | 18.75 |
| 60.5~65.5 | 15 | 15.63 |
| 65.5~70.5 | 10 | 10.42 |
| 70.5~75.5 | 5 | 5.21 |
| 75.5~80.5 | 4 | 4.17 |
| 80.5~85.5 | 2 | 2.08 |

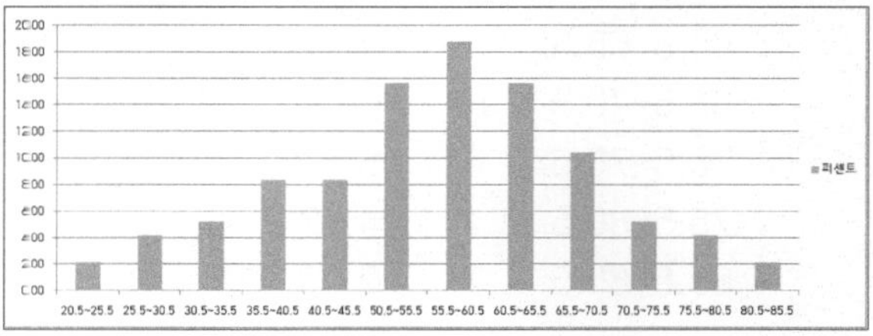

넷째, 도수분포다각형도표(polygon)은 변수가 양적 연속변수일 때 사용하는데, 두 집단 이상의 도수분표를 비교할 때 유용하다. 도수분포다각형도표를 도식하는 절차는 다음과 같다. ① 연속성을 위한 교정값을 계산한다. ② 변수의 범위를 설정한다. ③ 변수를 도식할 횡축을 적절한 급간으로 나누는데, 급간의 수는 8~10개 정도가 적절하다. ④ 각 급간에 해당하는 사례수의 빈도수를 계산한다. ⑤ 각 빈도수의 백분율을 계산하다. ⑥ 각 급간의 중간값을 기록하고, 해당하는 백분율을 나타내는 점을 찍는다. ⑦ 각 급간의 중간값에 찍힌 점들을 연결한다.

| 급간 | 빈도 | 퍼센트 |
|---|---|---|
| 20.5~25.5 | 2 | 2.08 |
| 25.5~30.5 | 4 | 4.17 |
| 30.5~35.5 | 5 | 5.21 |
| 35.5~40.5 | 8 | 8.33 |
| 40.5~45.5 | 8 | 8.33 |
| 50.5~55.5 | 15 | 15.63 |
| 55.5~60.5 | 18 | 18.75 |
| 60.5~65.5 | 15 | 15.63 |
| 65.5~70.5 | 10 | 10.42 |
| 70.5~75.5 | 5 | 5.21 |
| 75.5~80.5 | 4 | 4.17 |
| 80.5~85.5 | 2 | 2.08 |

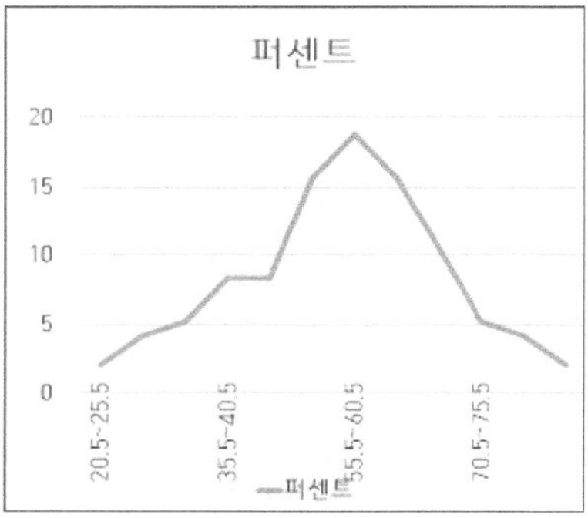

jamovi에서 플롯을 만드는 과정을 소개하기 전에 SPSS에서 수행하는 과정을 함께 제시하여 독자들의 이해를 돕겠다. 데이터는 아래와 같다.

| sex | subject | midterm | final | total |
|---|---|---|---|---|
| male | math | 40 | 50 | 90 |
| female | math | 30 | 30 | 60 |
| male | math | 30 | 40 | 70 |
| male | math | 35 | 42 | 77 |
| female | math | 27 | 32 | 59 |
| female | math | 25 | 30 | 55 |
| male | math | 32 | 44 | 76 |
| female | math | 37 | 42 | 79 |
| female | math | 31 | 40 | 71 |
| male | english | 38 | 43 | 81 |
| male | english | 21 | 25 | 46 |
| female | english | 37 | 49 | 86 |
| male | english | 29 | 35 | 64 |
| male | english | 33 | 40 | 73 |
| female | english | 24 | 36 | 60 |
| male | english | 33 | 35 | 68 |
| female | english | 40 | 49 | 89 |
| male | english | 35 | 45 | 80 |
| female | english | 34 | 40 | 74 |
| male | english | 25 | 33 | 58 |

SPSS에서 다양한 그래픽과 플롯을 만들기 위해서 먼저 데이터를 입력한다. 데이터는 직접 입력해도 되고, 엑셀이나 텍스트로 저장되어 있다면 불러오기를 할 수도 있다. 여기서는 엑셀파일(.xls, .xlxs)로 저장되어 있는 데이터를 불러오도록 하겠다.

이렇게 엑셀에서 데이터를 불러왔다. 이후에는 다양한 도표를 작성하도록 하겠다.

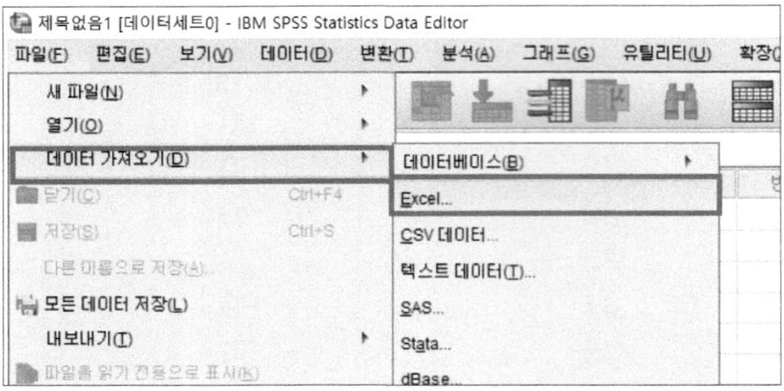


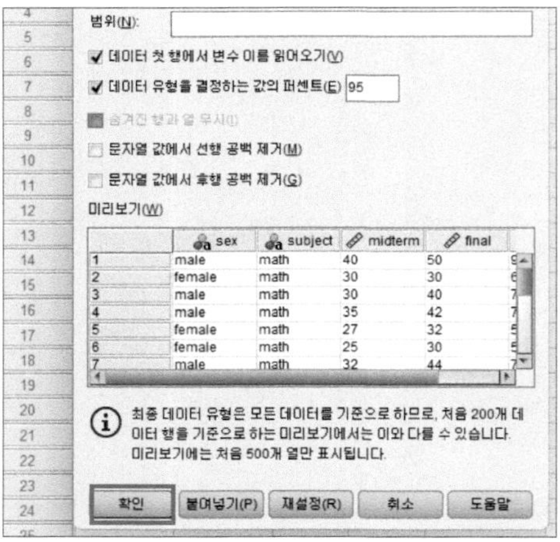


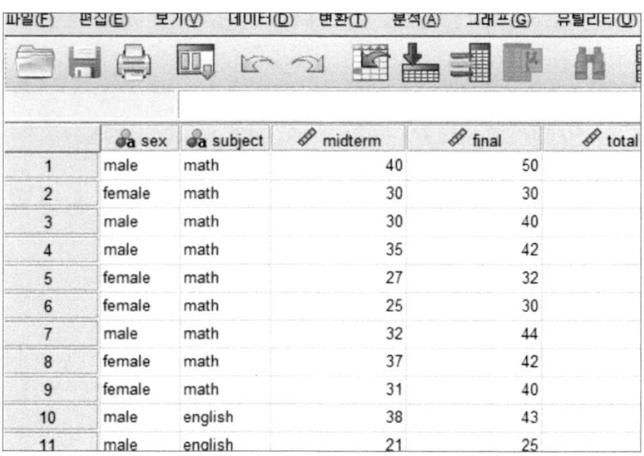

데이터를 불러온 후 그래프 → 차트만들기 → 확인을 클릭한다. 그래프를 도식하기 위해서 차트 종류를 지정하여 차트 도식 영역에 끌어온다.

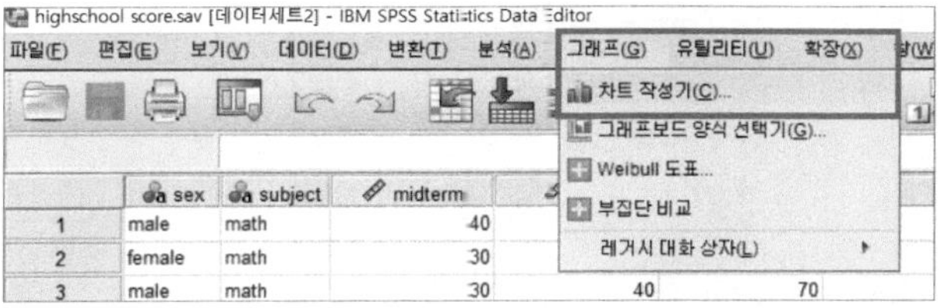

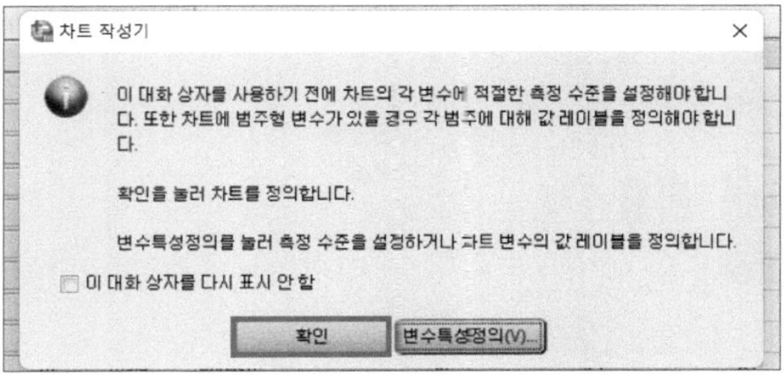

여기서는 우선 기본적인 막대그래프를 지정하고, X축과 Y축의 변수를 지정한다.

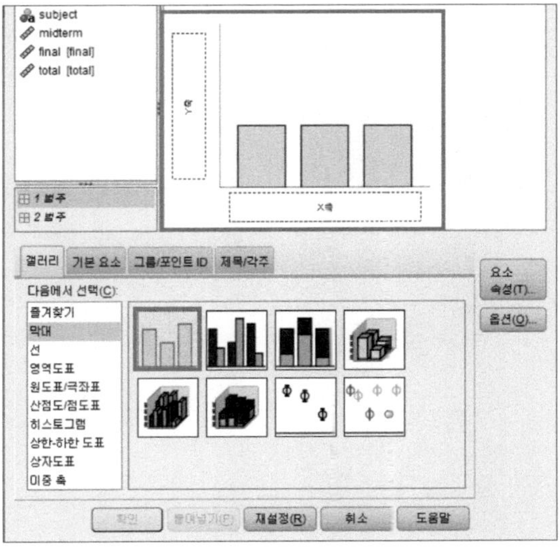

여기서는 과목별로 중간고사와 총점을 막대그래프로 도식하도록 지정한다. 그러면 아래와 같이 각 과목별로 중간고사와 총점의 막대그래프가 생성된다.

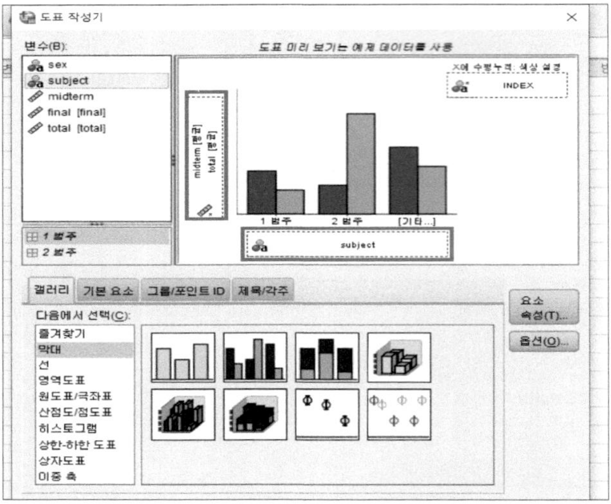


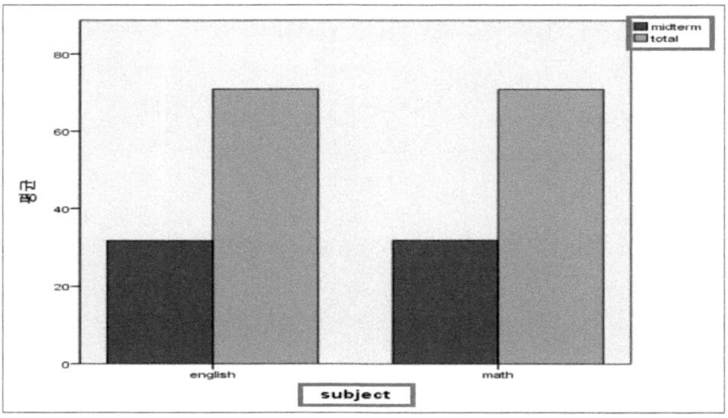

다음으로는 히스토그램을 지정하고, X축에 과목, Y축에 총점을 지정한다. 그러면 과목별로 총점 평균에 대한 히스토그램이 도식된다.

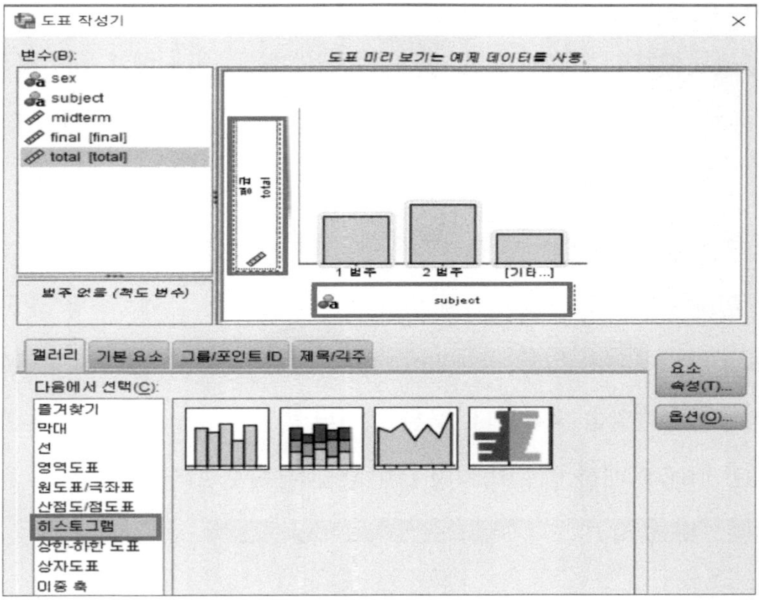


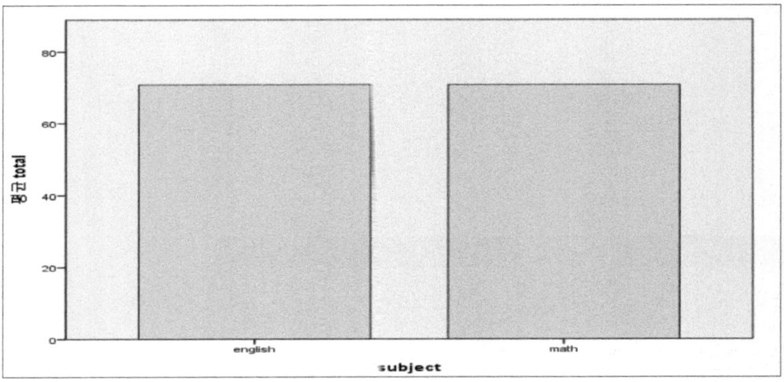

## 3.4. jamovi에서 플롯 만들기

다음은 jamovi에서 제공하는 다양한 도식(plot) 방법을 소개하겠다. jamovi는 SPSS나 R에 비해서 그래프 기능이 상대적으로 약하다. 그러나 jamovi에서도 기본적인 도식은 할 수 있다. jamovi에서 데이터를 도식하기 위해서는 Analysis → Exploration → Descriptive를 클릭한다.

먼저 jamovie에 데이터를 입력한다. 데이터는 위에서 사용한 것을 다시 jamovie 데이터 창에 직접 입력해도 되고, .xls, .xlxs, .sav 등 다른 파일형태로 되어 있을 경우 jamovi 실행 후 open → browse에서 해당 데이터 파일을 불러온다. 물론 데이터 파일이 jamovie의 .omv라면 파일 형태에 대한 별도의 지정 없이 바로 불러오면 된다.

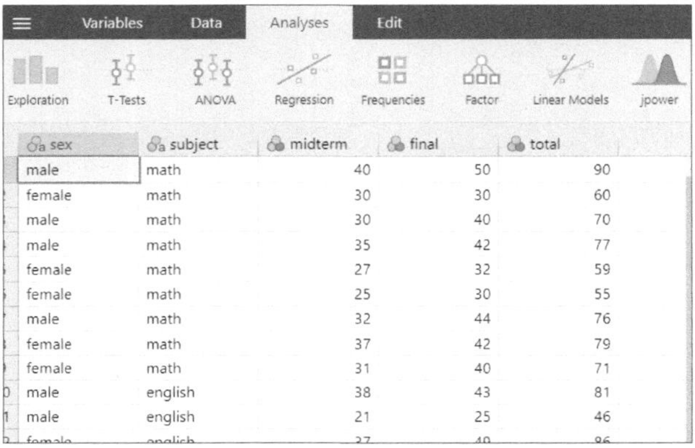

각 변수명칭은 한글과 영어 모두 가능하지만, 한글의 경우 가끔 오류가 발생할 수 있기 때문에 영어로 지정해주는 것이 좋다. 이어 각 변수에 대해 변수명과 척도수준을 지정한다. 아래 그림에서는 변수명과 척도수준을 지정하는 예시는 보여준다.

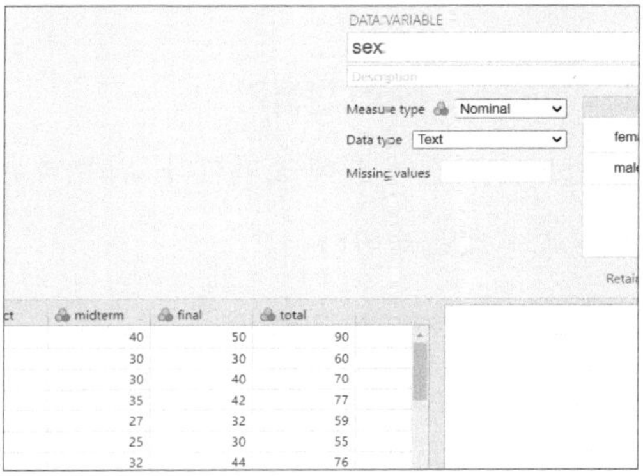

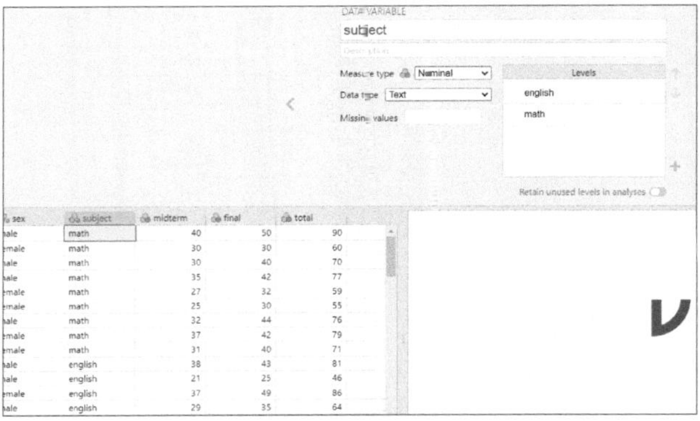

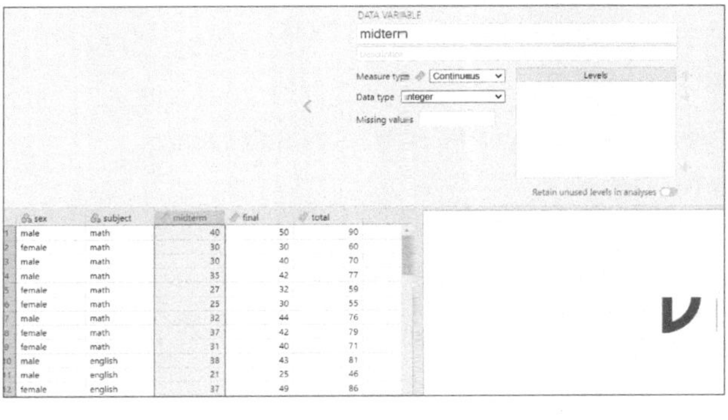

위 그림에서 보는 바와 같이 성별(sex)과 과목(subject)는 척도수준을 명목(nominal)으로, 데이터 형식은 정수(integer)로 지정한다. 중간(midterm), 기말(final), 총점(total)은 척도수준을 연속(continuous)으로, 데이터 형식은 정수(integer)로 지정한다.

## 3.5. 박스플롯(Box-and-Whiskers plot) 만들기

먼저 SPSS에서 박스플롯을 만드는 과정에 대해 소개한다. 위쪽 메뉴창에서 그래프 → 차트작성기 → 확인을 클릭한다.

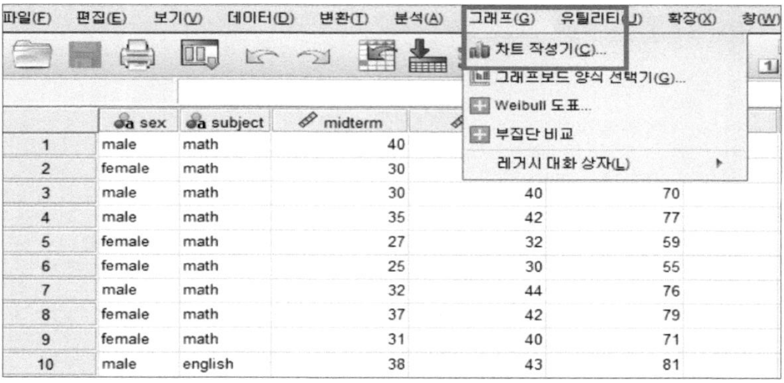

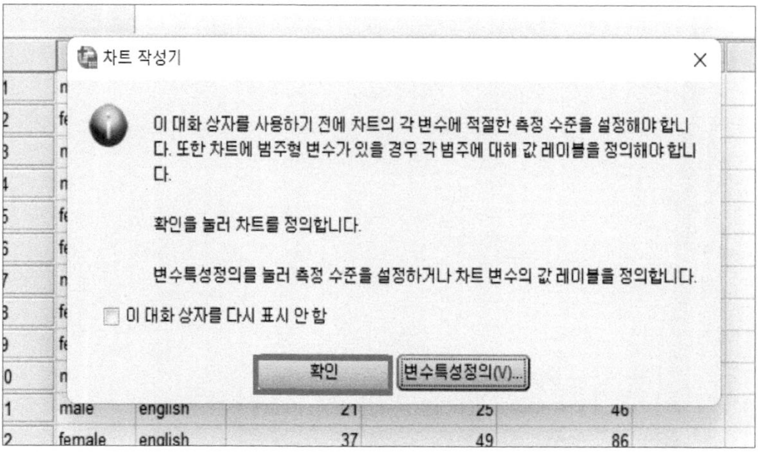

이어서 대화상자가 나타나면 맨 좌측 갤러리 탭에서 상자도표 → 1차원 상자도표를 클릭한 후 도표는 위쪽 그리기 영역으로 끌어 붙인다. 또 X축 영역에 변수를 지정하는데, 여기서는 합계 성적을 지정하고 확인을 클릭하여 상자도표로 도식하겠다.

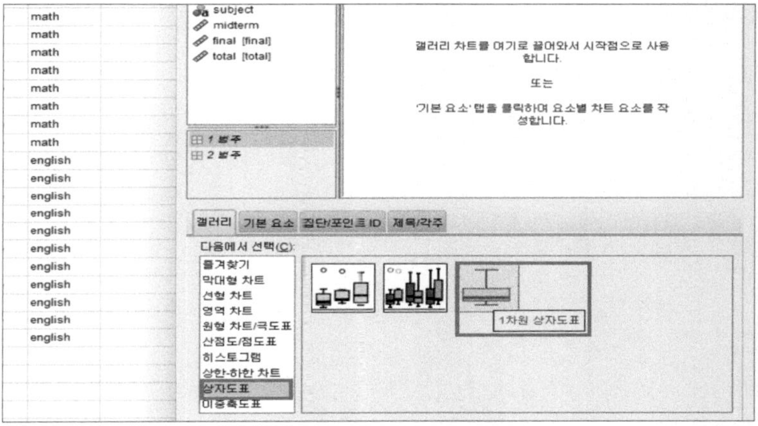


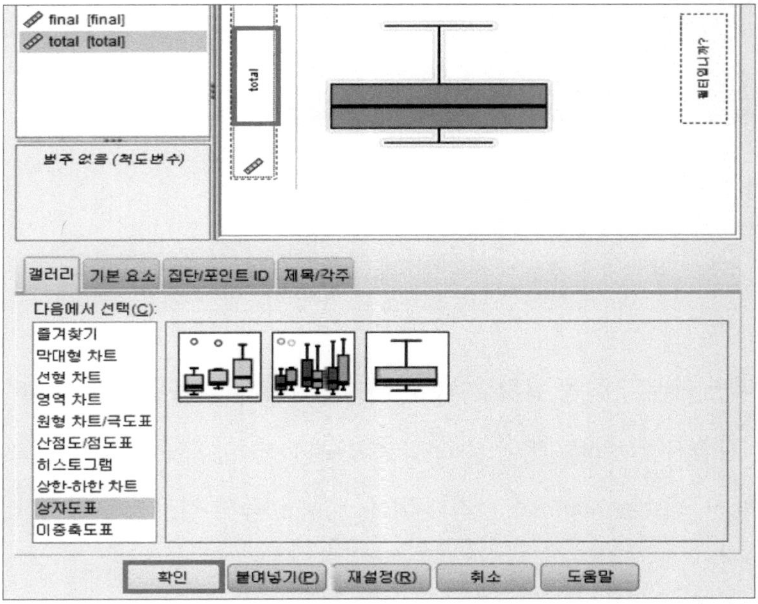

jamovi에서 박스플롯은 특정 변수에 대해서 5가지 요약 정보(최소값, 25%값, 중앙값, 75%값, 최대값)를 시각적으로 보여주는 기법이다. 박스플롯을 도식하려면 Analysis → Exploration → descriptives를 클릭한다. midterm을 Variables창으로 보내고, 구분(Split by)변수는 과목(subject)으로 한다. 아래 선택창에서 Histogram, Density, Box plot, Data, Mean, Frequency tables 등을 클릭한다.

그러면 아래와 같은 결과값을 보여준다. 먼저 각 과목별 성적 사례수(N)와 결측치(Missing), 평균(Mean), 중앙값(Median), 표준편차(Standard deviation), 최소값(Minimum), 최대값(Maximum) 등의 정보를 보여준다.

| Descriptives | | |
|---|---|---|
| | subject | midterm |
| N | english | 11 |
| | math | 9 |
| Missing | english | 0 |
| | math | 0 |
| Mean | english | 31.7 |
| | math | 31.9 |
| Median | english | 33 |
| | math | 31 |
| Standard deviation | english | 6.18 |
| | math | 4.76 |
| Minimum | english | 21 |
| | math | 25 |
| Maximum | english | 40 |
| | math | 40 |

**Frequencies**

Frequencies of midterm

| | subject | |
|---|---|---|
| midterm | english | math |
| 21 | 1 | 0 |
| 24 | 1 | 0 |
| 25 | 1 | 1 |
| 27 | 0 | 1 |
| 29 | 1 | 0 |
| 30 | 0 | 2 |
| 31 | 0 | 1 |
| 32 | 0 | 1 |
| 33 | 2 | 0 |
| 34 | 1 | 0 |
| 35 | 1 | 1 |
| 37 | 1 | 1 |
| 38 | 1 | 0 |
| 40 | 1 | 1 |

또한 빈도표(Frequency)에는 각 점수에 해당하는 사례수를 과목별로 보여준다. 다음으로 총점을 박스플롯으로 나타내는데, 성별과 과목별로 나누어 제시하도록 지정하면 아래와 같이 확인할 수 있다.

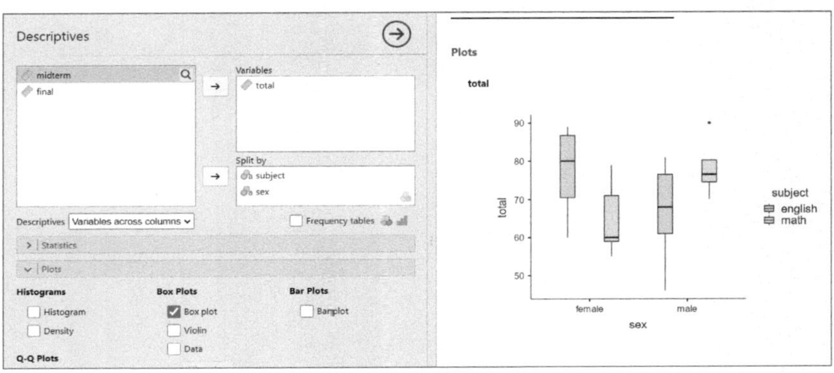

## 3.6. 히스토그램(Histogram) 만들기

SPSS에서 히스토그램을 만들기 위해 앞선 중간, 기말, 합계 데이터를 사용하여 도식과정을 소개하겠다. 메뉴에서 그래프 → 레거시 대화상자 → 히스토그램을 선택한다. 이어서 대화상자가 나타나면 도식할 변수를 선택하는데, 여기서는 합계점수를 선택하겠다.

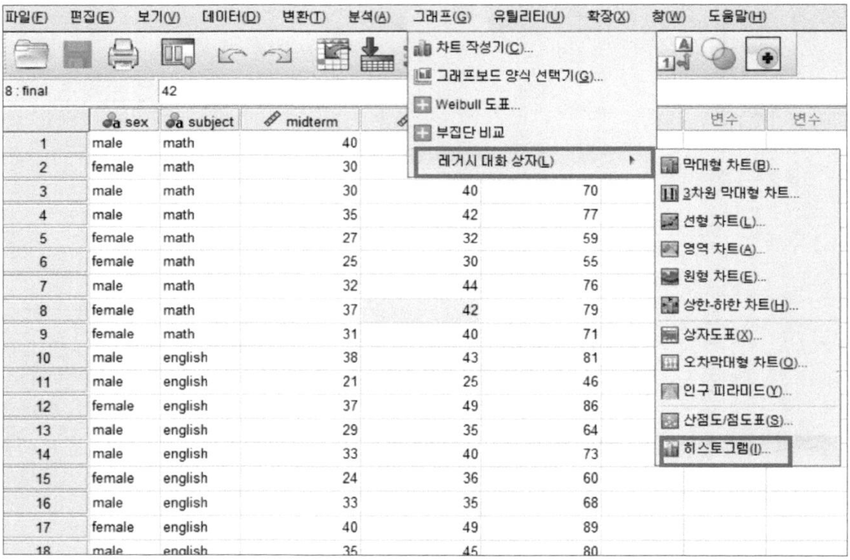

그러면 아래와 같이 Z-점수 대별 빈도가 히스토그램으로 나타난다.

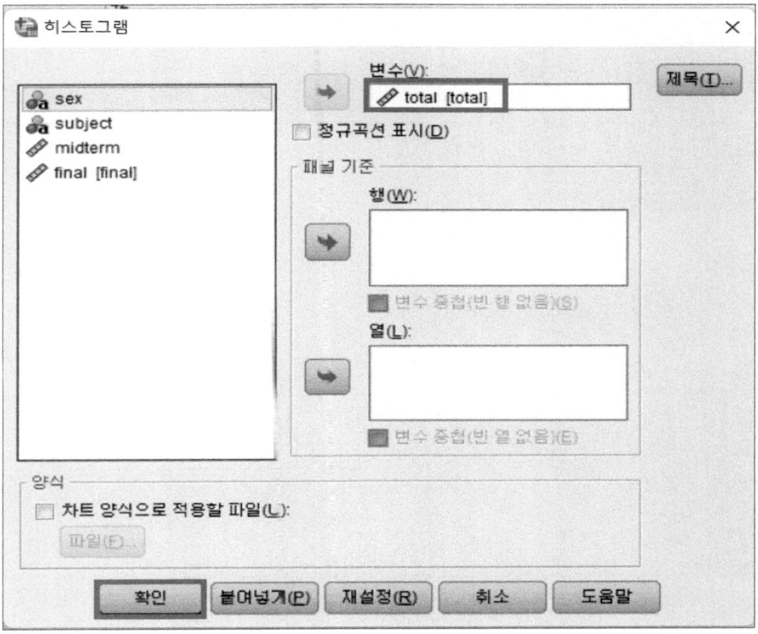


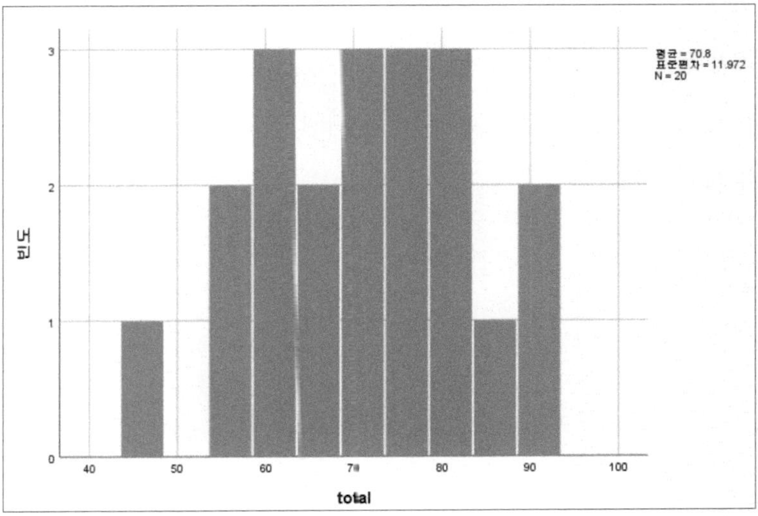

jamovi에서 히스토그램은 연속변수가 어떻게 분포하고 있는지를 시각적으로 보여주는데 앞선 예시에서 총점이 어떻게 분포하는지 히스토그램으로 나타내면 아래와 같다.

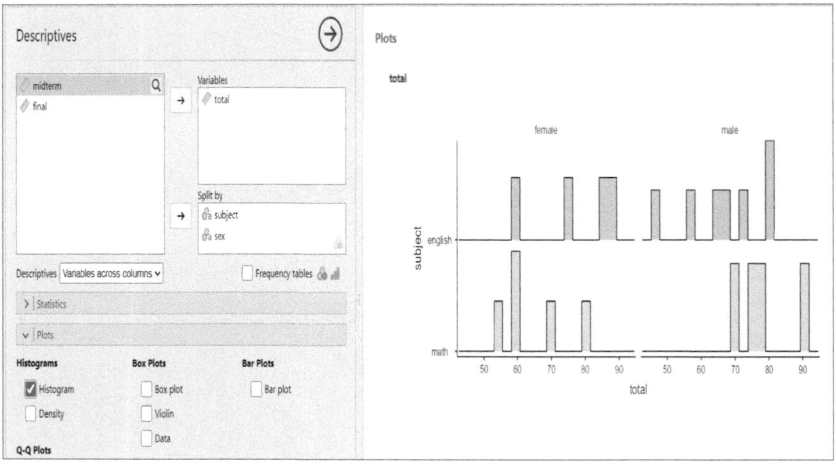


히스토그램을 살펴보면 직관적으로 여학생은 남학생에 비해서 영어과목의 상위권 점수에 다수가 분포되어 있음을 알 수 있다. 반면, 남학생은 수학과목에서 여학생에 비해 상위권 점수에 다수가 분포되어 있음을 볼 수 있다.

## 3.7. 밀도 플롯(density plot) 만들기

jamovi에서 밀도 플롯은 연속변수의 분포가 얼마나 촘촘한지를 나타내주는 도식으로서 아래와 같이 만들 수 있다.

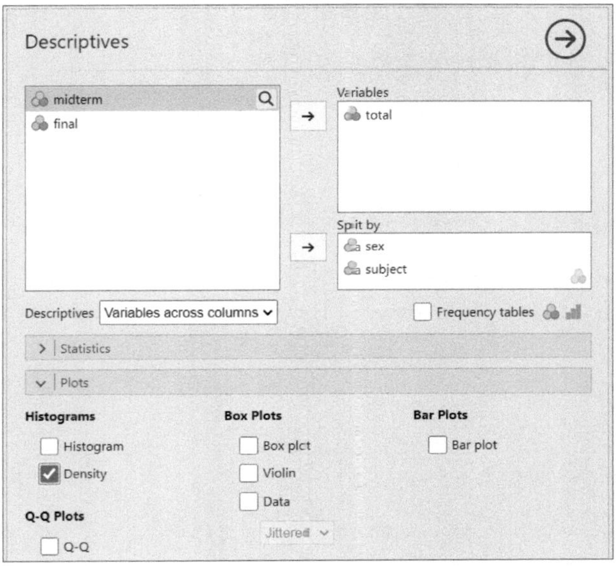


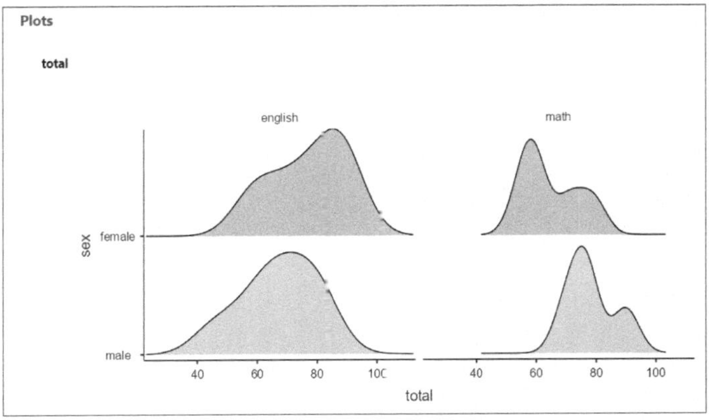

위 그림을 보면 여학생의 경우 영어성적 고득점에 다수의 빈도가 분포하고 남학생의 경우 수학과목에서 비교적 고득점에 다수가 밀집한 것을 보여준다.

히스토그램과 밀도플롯을 결합한 플롯을 만들어서 급간의 분포와 전체적인 분포양상을 한꺼번에 보여줄 수도 있다.

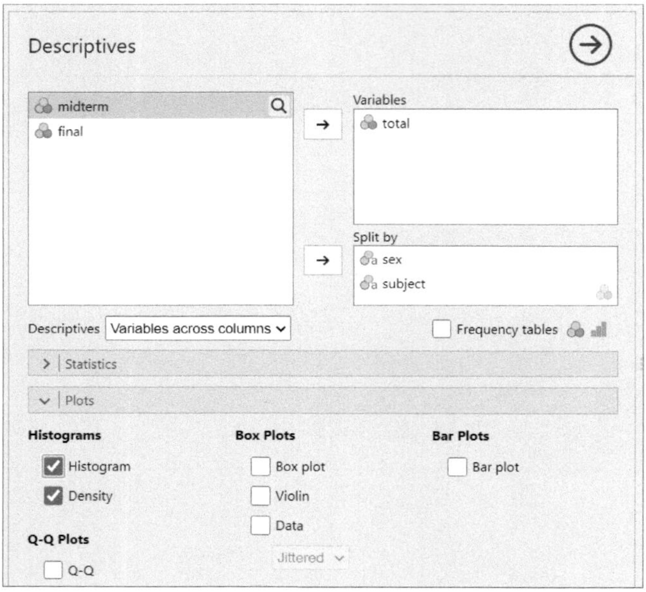


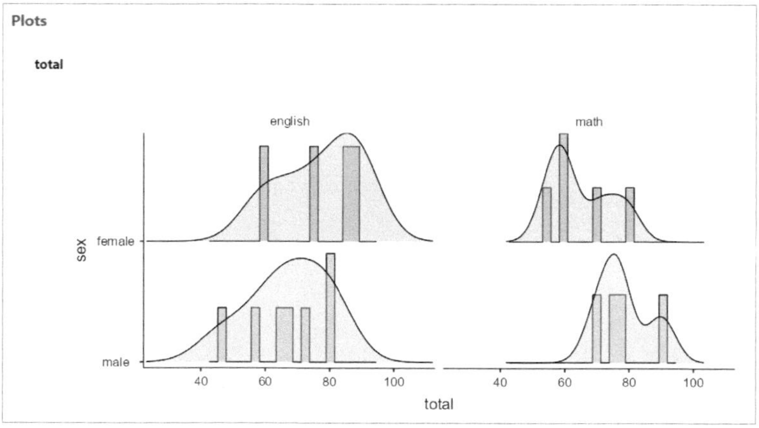

## 3.8. 산점도(scatter plot) 만들기

산점도는 데이터의 분포를 점으로 보여주는데, 독립변수(X)와 종속변수(Y)의 분포를 보여줄 수 있다. 중간고사 점수를 X축, 기말고사 점수를 Y축으로 입력하고 산점드를 그린다. 먼저 SPSS에서 산점도를 그리기 위해서는 그래프 → 레거시 대화 상자 → 산점도/점도표를 클릭한다. 대화상자가 나타나면 단순 산점도를 선택한다.

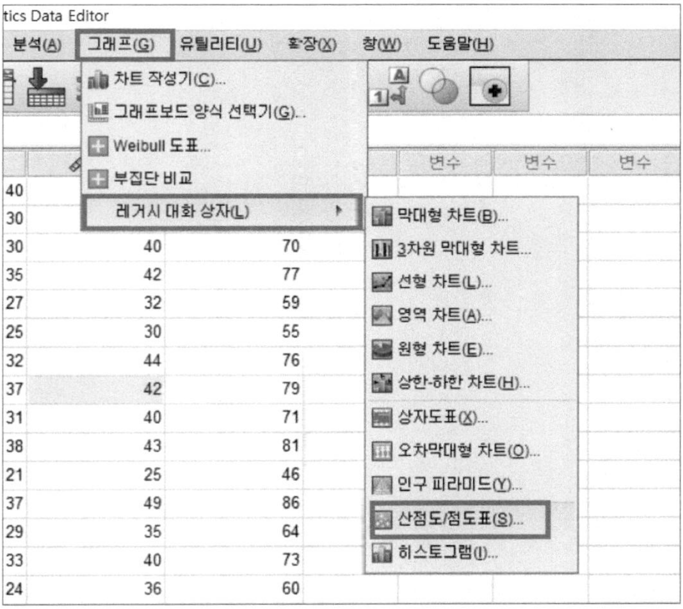


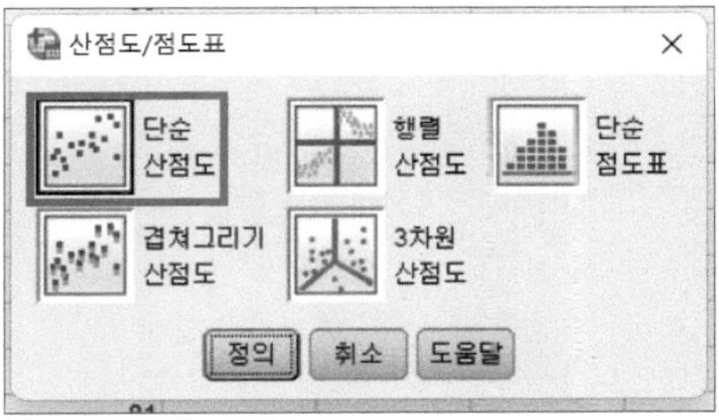

이어서 대화상자가 나타나면 X축에는 중간고사(mid term) 성적, Y축에는 기말고사(final term) 성적을 입력한다. 이를 통해서 중간고사 점수에 따르는 기말고사 점수의 분포를 시각화 할 수 있다.

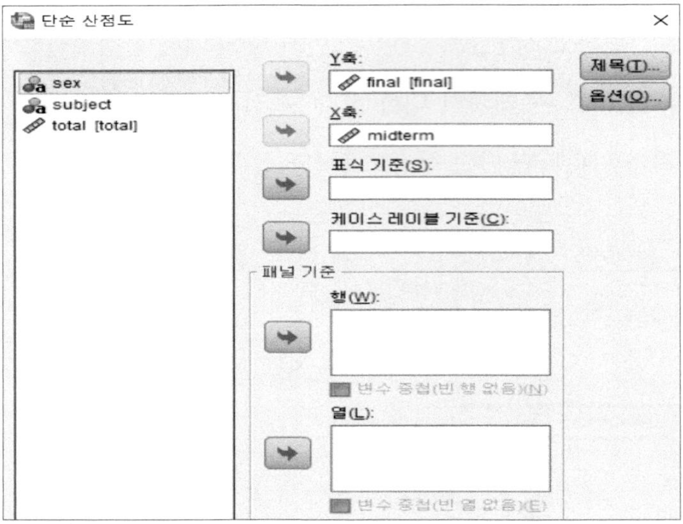


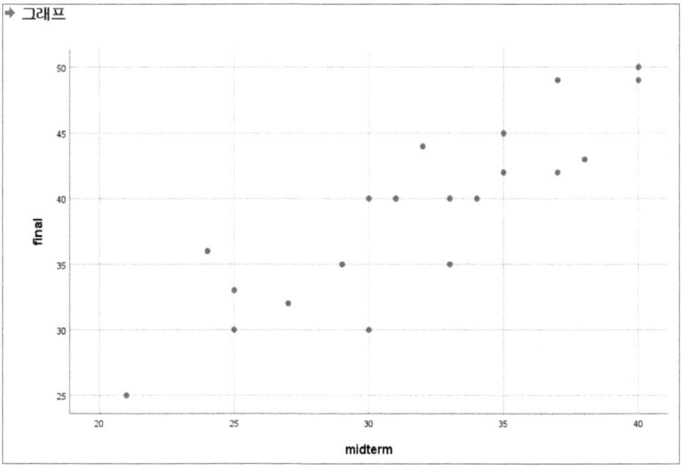

jamovi에서도 동일한 방법으로 산포도 도식을 아래와 같이 할 수 있다.

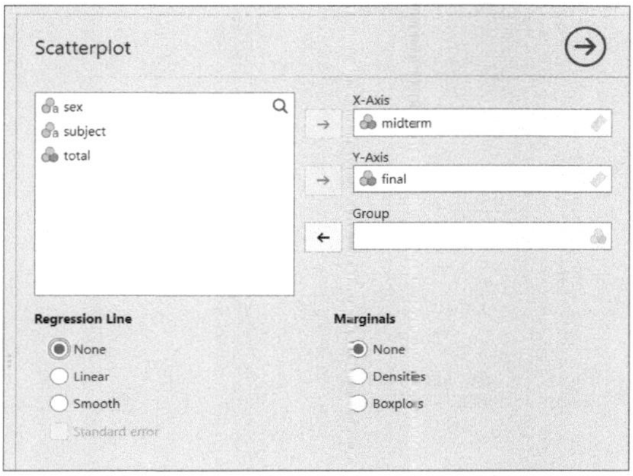


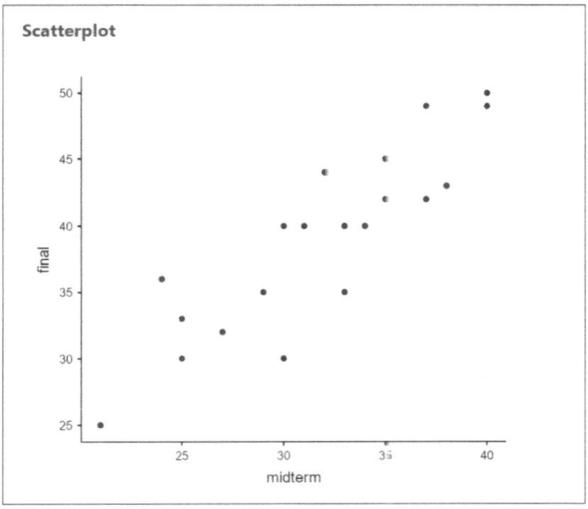


도식을 살펴보면 중간고사 성적이 증가할수록 기말고사 성적도 증가함으로 볼 수 있다. 이러한 관계를 보다 명확하게 보여주기 위해서 선형성(linearity)을 아래와 같이 검증할 수 있다. 이를 위해서 Regression Line에 Linear를 클릭하면 회귀선을 보여준다. 회귀선을 적합(fitting)시킴으로써 중간고사와 기말고사 선형적 정비례 관계를 명확하게 알 수 있다.

SPSS에서 산포도에 회귀선을 적합(fitting)시킨 도식을 하려고 하면 그래프 → 차트 작성기 → 확인을 클릭한다.

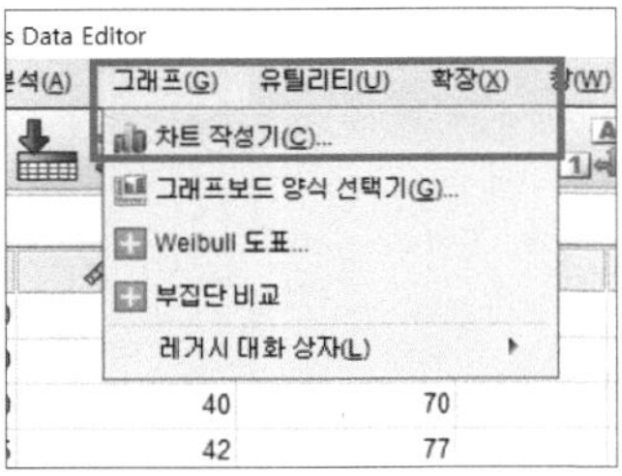


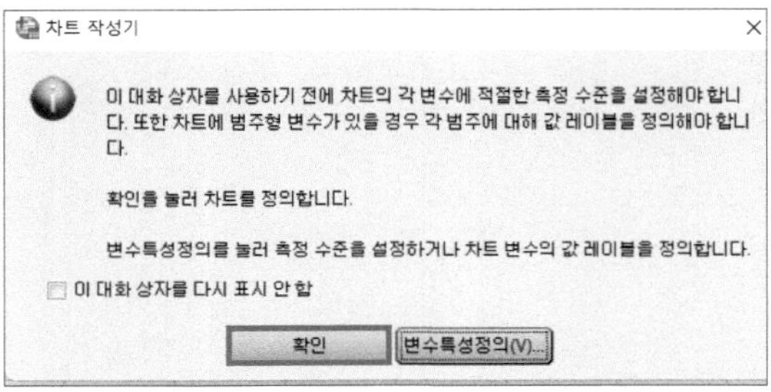


이후 대화상자가 나타나면 갤러리에서 산점도/점도표를 선택하고, 차트모양에서는 적합선이 있는 산점도를 선택한다. 이어서 그리기 영역에서 X축에는 중간고사 점수를 Y축에는 기말고사 점수를 선택한다.

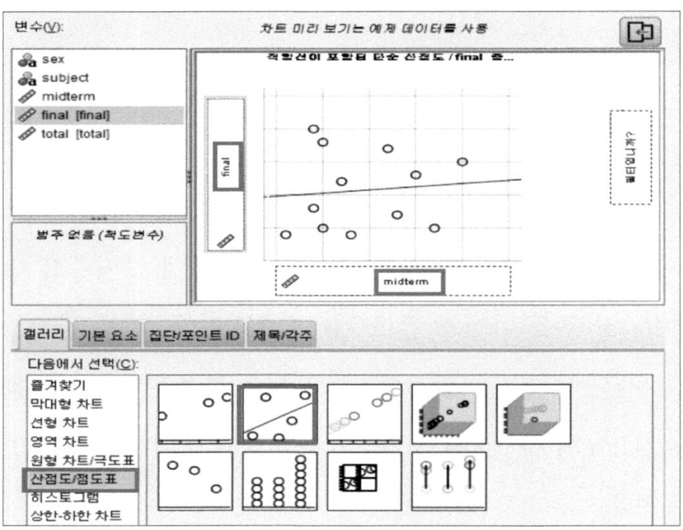

이렇게 적합선(fitting line)이 있는 산포도를 지정하면 아래와 같은 결과물을 얻을 수 있다.

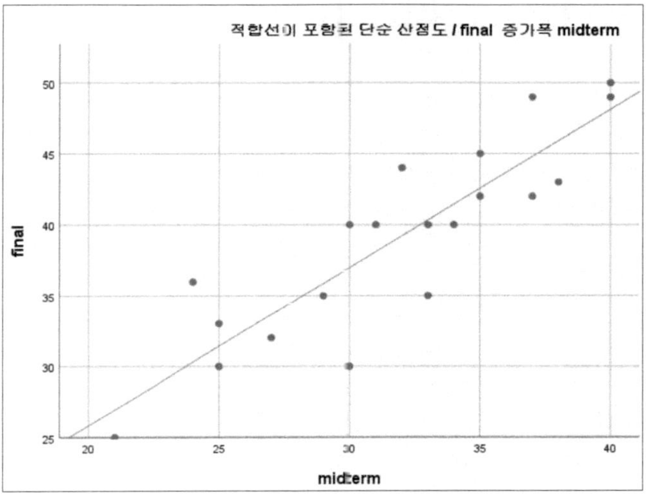

결과물로 나타난 적합선이 있는 산포도를 살펴보면 중간고사 점수와 기말 고사 점수는 선형 비례 관계가 있을 것을 알 수 있다. jamovi를 통해서도 동일한 결과를 얻을 수 있다.

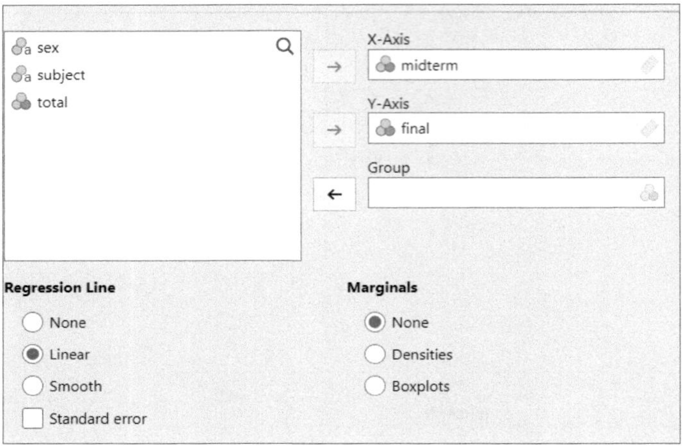


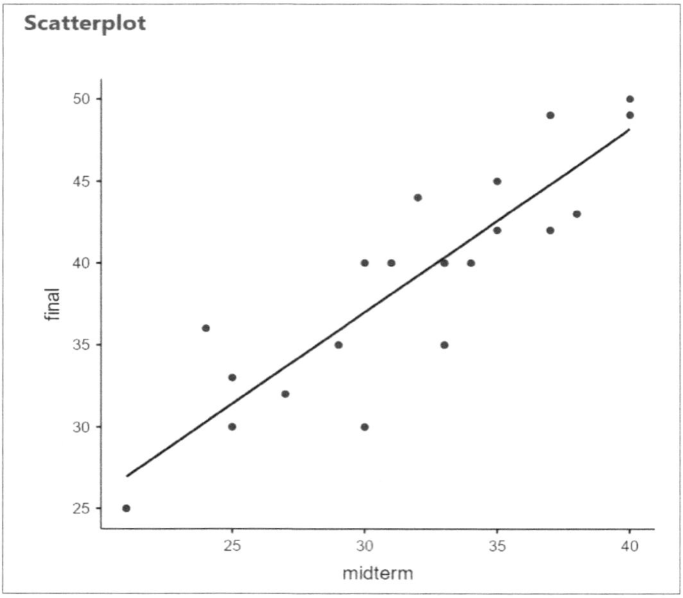

## 3.9. Q-Q 도표(Quantile-Quantile plot) 만들기

Q-Q plot은 두 변수가 같은 등위수에 분포하는 정도를 도식하여 정규성을 확인하는 도표이다. 회귀선 주변으로 분포하면 정규성이 있음을 보여준다.

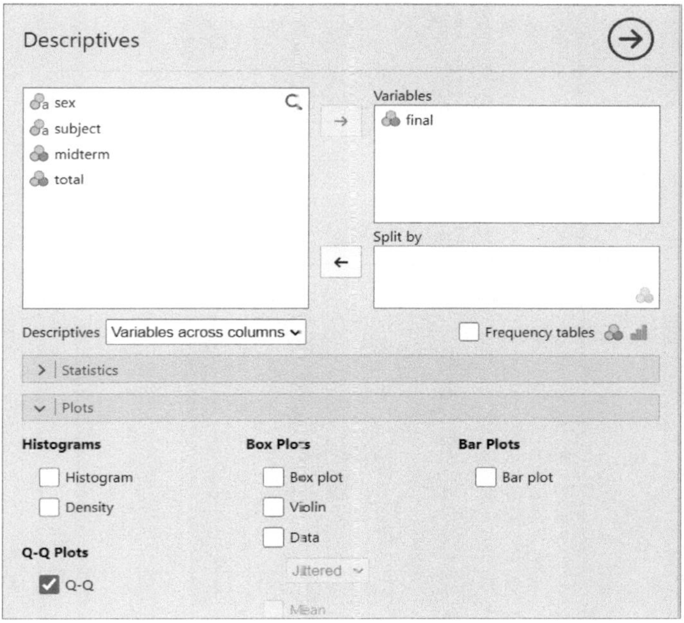


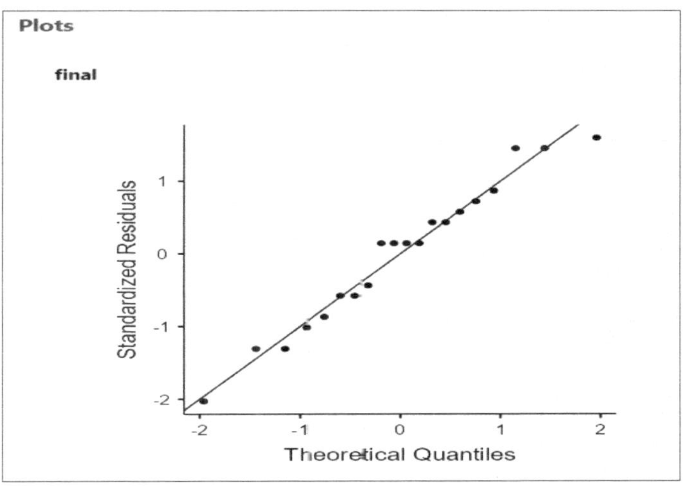

## 3.10. 막대그래프(bar plot) 만들기

각 변수의 빈도를 나타낼 때는 막대그래프를 만들어서 시각적으로 제시할 수 있다. 아래는 기말고사 성적의 빈도를 막대그래프로 도식한 것이다.

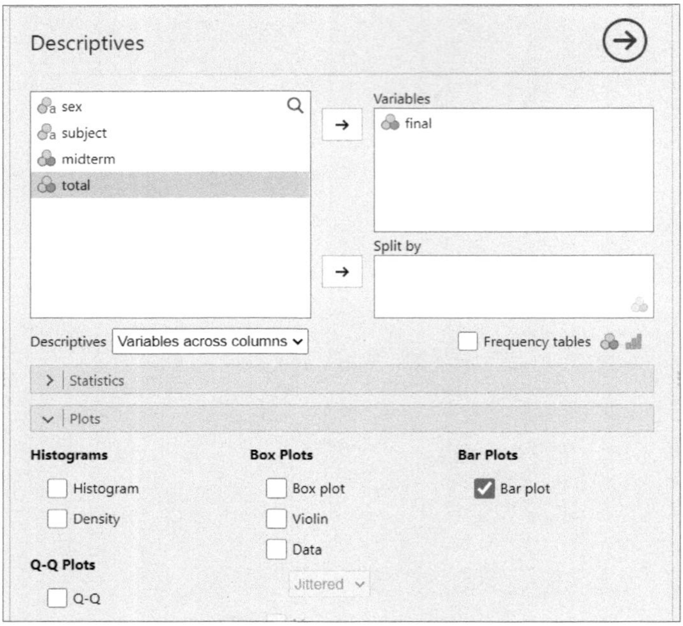


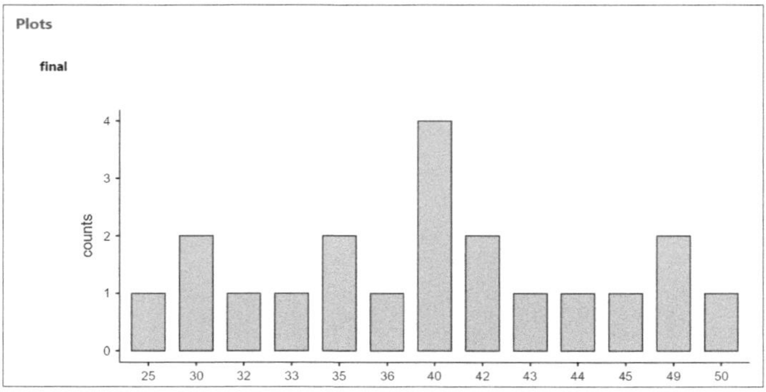

기말고사 성적을 집단별로 나눠서 막대그래프로 제시할 수도 있다, 아래 그림에는 기말고사 성적을 과목별, 성별로 제시하는 방법을 제시하고 있다.

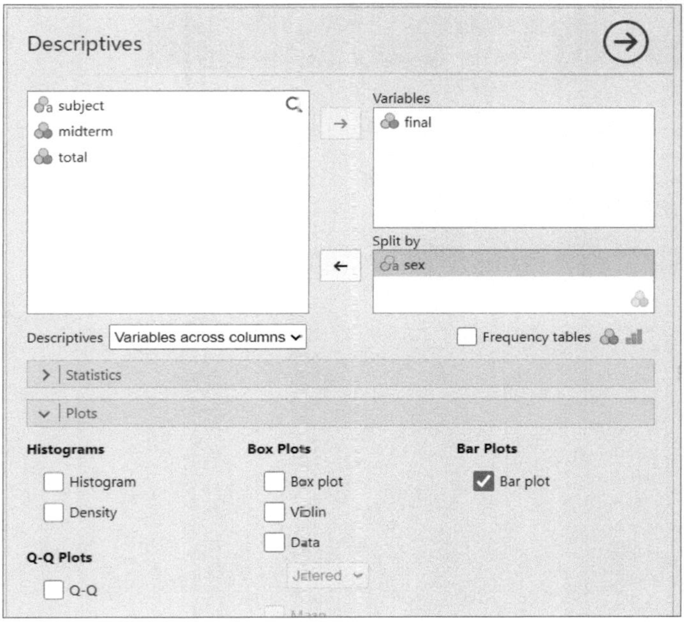


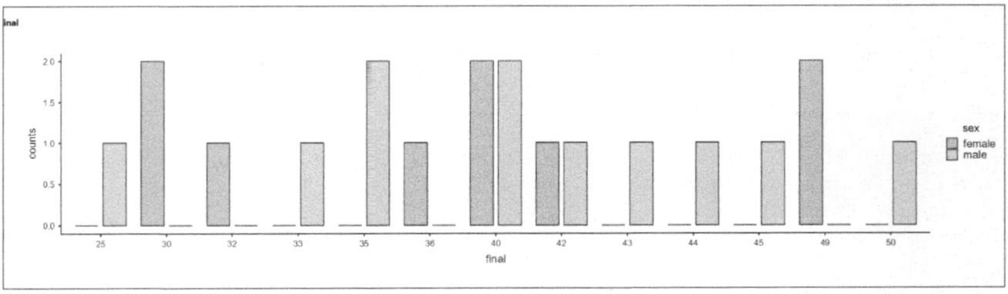


그림에서 보는 바와 같이 기말고사 성적의 각 점수별 분포를 성별로 제시하여 제시하고 있다.

## 3.11. 파레토 차트(pareto chart) 만들기

파레토 차트는 막대그래프의 장점과 선그래프의 장점을 결합하여 제시한다.

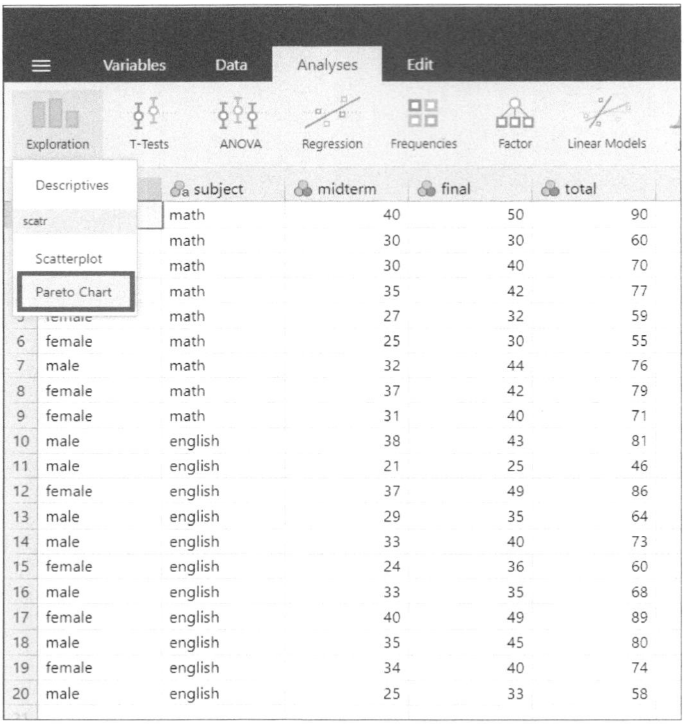


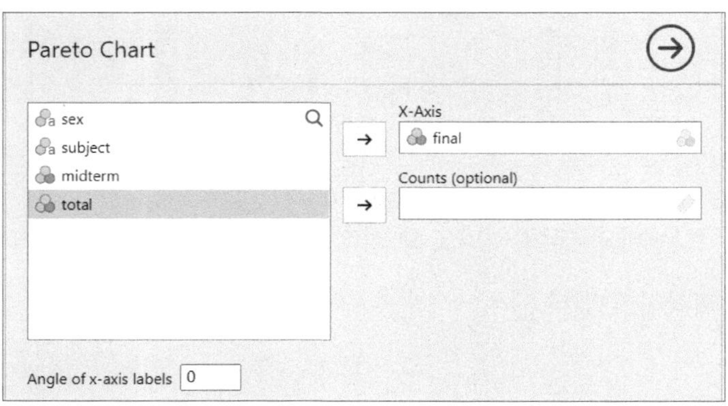

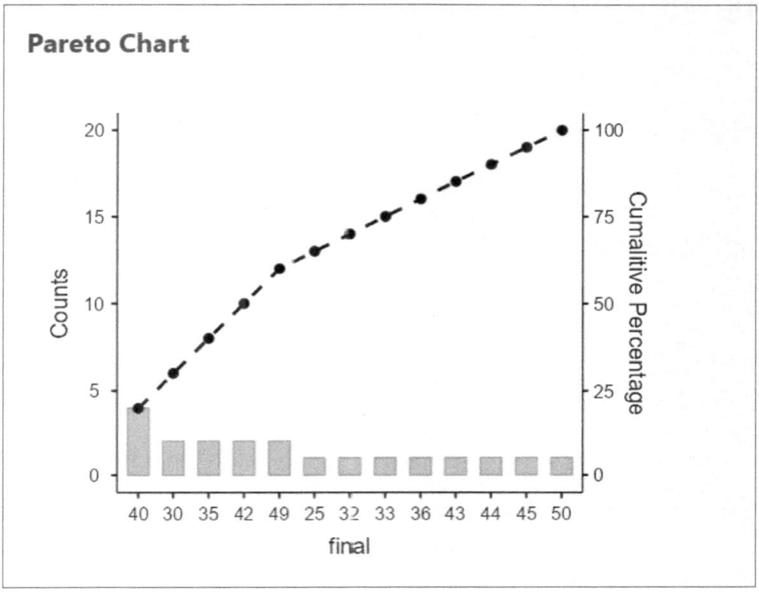


위 그림을 보면 X축에는 기말고사 점수가 제시되어 있고, Y축에는 각 점수별로 빈도가 있으며, 그림의 위쪽에는 누적퍼센트가 100%가 되도록 선그래프가 제시되어 있다.

## 3.12. 빈도 분할표(contingency table) 만들기

명목변수나 서열변수의 경우 평균이나 표준편차와 같은 요약 통계치를 산출할 수 없고 빈도표만을 보여줄 수 있다. 이 경우 빈도 분할표(contingency table)를 사용하면 유용하다. 아래 표에는 대학생 20명의 성별, 성격유형별로 전공 선호도를 조사한 가상의 자료를 제시했다.

| Sex | Personality | Major |
|---|---|---|
| male | extrovert | business |
| male | introvert | literature |
| female | extrovert | business |
| female | introvert | english |
| male | introvert | engineering |
| male | extrovert | politics |
| female | introvert | business |
| female | extrovert | engineering |
| male | introvert | english |
| female | extrovert | politics |
| male | introvert | engineering |
| female | extrovert | business |
| male | extrovert | engineering |
| male | introvert | politics |
| female | extrovert | business |
| male | extrovert | politics |
| female | introvert | literature |
| male | extrovert | engineering |
| female | introvert | literature |
| female | extrovert | engineering |

위에 제시된 표를 먼저 SPSS에서 데이터 파일을 불러온다. 원데이터가 엑셀파일 형식으로 되어 있을 경우 파일 → 열기 → 데이터를 클릭하고, 아래 파일 유형 선택 대화창이 나타나면 Excel을 지정한다. 또한 나타난 엑셀파일 중에서 연구자가 원하는 college major.xlxs를 선택한다.

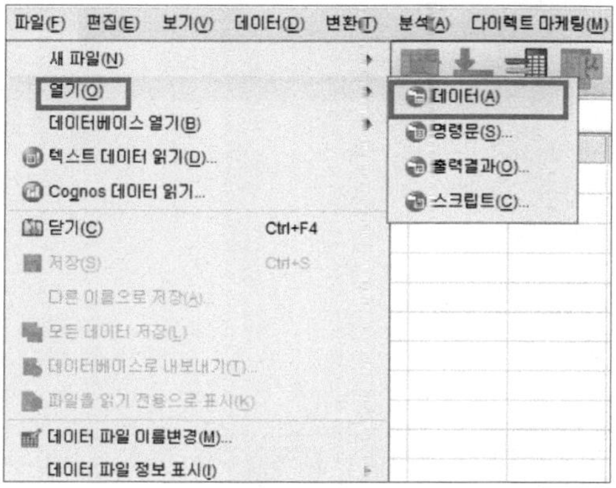
파일(F) 편집(E) 보기(V) 데이터(D) 변환(T) 분석(A) 다이렉트 마케팅(M)
새 파일(N)
열기(O)
데이터베이스 열기(B)
텍스트 데이터 읽기(D)...
Cognos 데이터 읽기...
닫기(C) Ctrl+F4
저장(S) Ctrl+S
다른 이름으로 저장(A)...
모든 데이터 저장(L)
데이터베이스로 내보내기(T)...
파일을 읽기 전용으로 표시(K)
데이터 파일 이름변경(M)...
데이터 파일 정보 표시(I)
데이터(A)
명령문(S)...
출력결과(O)...
스크립트(C)...

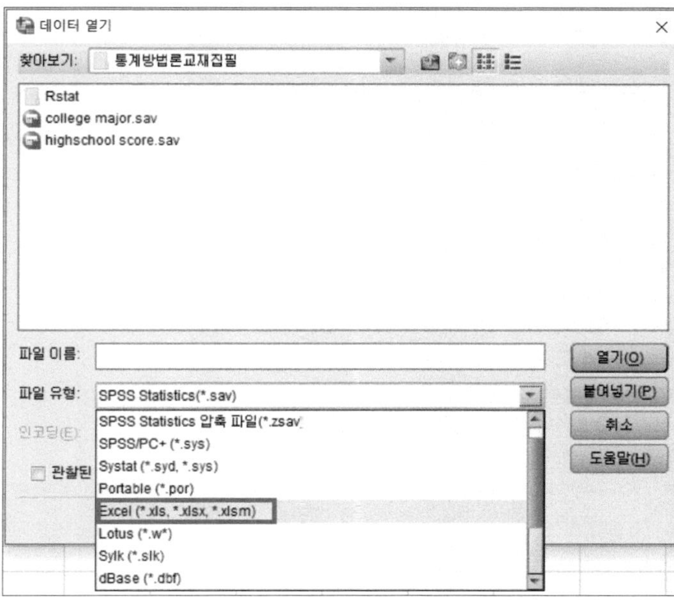
데이터 열기
찾아보기: 통계방법론교재집필
Rstat
college major.sav
highschool score.sav
파일 이름:
파일 유형: SPSS Statistics(*.sav)
인코딩(E):
관찰된
열기(O)
붙여넣기(P)
취소
도움말(H)
SPSS Statistics 압축 파일(*.zsav
SPSS/PC+ (*.sys)
Systat (*.syd, *.sys)
Portable (*.por)
Excel (*.xls, *.xlsx, *.xlsm)
Lotus (*.w*)
Sylk (*.slk)
dBase (*.dbf)

| Sex | Personality | Major |
|---|---|---|
| male | extrovert | business |
| male | introvert | literature |
| female | extrovert | business |
| female | introvert | english |
| male | introvert | engineering |
| male | extrovert | politics |
| female | introvert | business |
| female | extrovert | engineering |
| male | introvert | english |
| female | extrovert | politics |
| male | introvert | engineering |
| female | extrovert | business |
| male | extrovert | engineering |
| male | introvert | politics |
| female | extrovert | business |
| male | extrovert | politics |
| female | introvert | literature |
| male | extrovert | engineering |
| female | introvert | literature |
| female | extrovert | engineering |
| | | |

데이터가 나타나면 성별과 성격유형에 따른 전공분포를 살펴보기 위해 분석 → 기술통계량 → 교차분석을 클릭한다. 교차분석 대화창이 나타나면 행에는 성별과 성격을 열에는 전공을 보낸다. 필요에 따라서는 반대로 지정해도 된다.

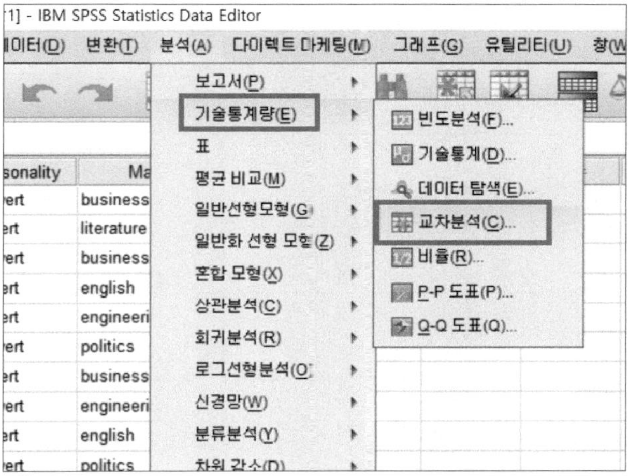


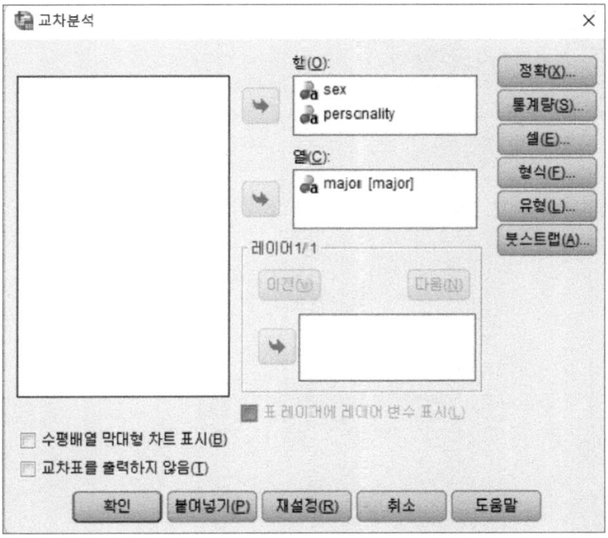

|  | 케이스 |  |  |  |  |  |
|---|---|---|---|---|---|---|
|  | 유효 |  | 결측 |  | 전체 |  |
|  | N | 퍼센트 | N | 퍼센트 | N | 퍼센트 |
| sex * major | 20 | 100.0% | 0 | 0.0% | 20 | 100.0% |
| personality * major | 20 | 100.0% | 0 | 0.0% | 20 | 100.0% |

**sex * major 교차표**

빈도

|  |  | major |  |  |  |  |  |
|---|---|---|---|---|---|---|---|
|  |  | business | engineering | english | literature | politics | 전체 |
| sex | female | 4 | 2 | 1 | 2 | 1 | 10 |
|  | male | 1 | 4 | 1 | 1 | 3 | 10 |
| 전체 |  | 5 | 6 | 2 | 3 | 4 | 20 |

**personality * major 교차표**

빈도

|  |  | major |  |  |  |  |  |
|---|---|---|---|---|---|---|---|
|  |  | business | engineering | english | literature | politics | 전체 |
| personality | extrovert | 4 | 4 | 0 | 0 | 3 | 11 |
|  | introvert | 1 | 2 | 2 | 3 | 1 | 9 |
| 전체 |  | 5 | 6 | 2 | 3 | 4 | 20 |

jamovi에서 분할표로 빈도를 나타낼 수 있다. 위 표에 나타난 성별, 성격유형, 전공은 모두 명목변수이므로 통계치는 빈도만 제시할 수 있는데, 이를 분할표로 정리하려고 한다.

이를 위해 먼저 엑셀(.xls, .xlxs) 형식의 데이터를 jamovi에서 불러온다. 이어서 메뉴의 Analysis → Frequencies → Contingency Tables: Independent Samples를 선택한다.

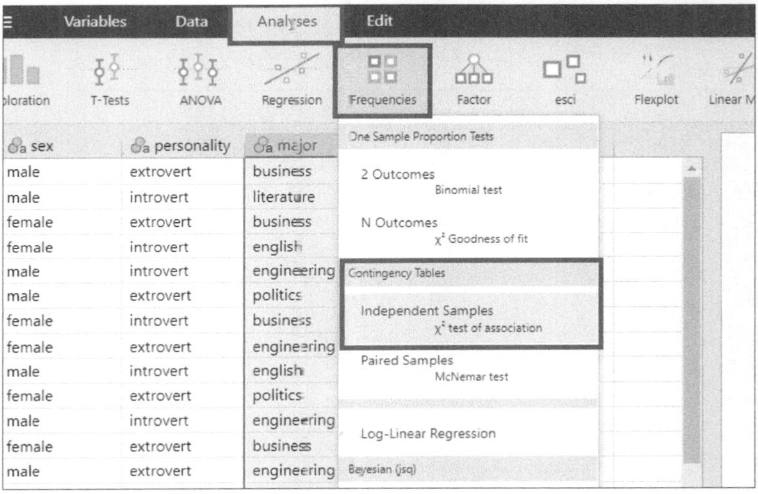

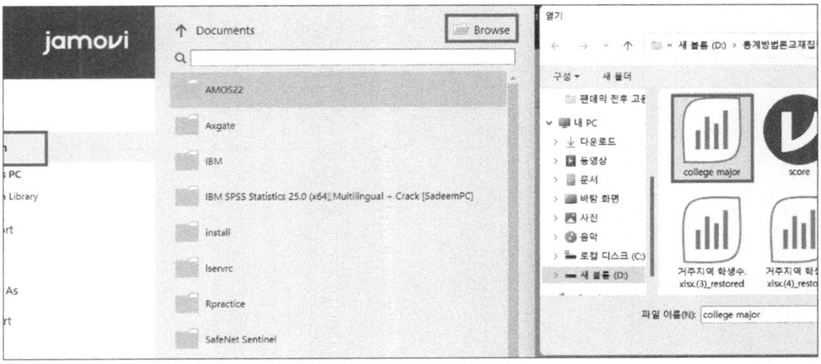

이렇게 분할표 분석을 실행하면 다음과 같은 결과를 볼 수 있다. 위쪽은 성격유형에 따른 전공 분포를 성별로 구분한 것이고, 아래쪽 표는 성별에 따른 전공 분포를 성격유형별로 구분한 것이다. 필요에 따라서 두 가지 표를 활용할 수 있다.

Contingency Tables

| | | major | | | | | |
|---|---|---|---|---|---|---|---|
| personality | sex | business | engineering | english | literature | politics | Total |
| extrovert | female | 3 | 2 | 0 | 0 | 1 | 6 |
| | male | 1 | 2 | 0 | 0 | 2 | 5 |
| | Total | 4 | 4 | 0 | 0 | 3 | 11 |
| introvert | female | 1 | 0 | 1 | 2 | 0 | 4 |
| | male | 0 | 2 | 1 | 1 | 1 | 5 |
| | Total | 1 | 2 | 2 | 3 | 1 | 9 |
| Total | female | 4 | 2 | 1 | 2 | 1 | 10 |
| | male | 1 | 4 | 1 | 1 | 3 | 10 |
| | Total | 5 | 6 | 2 | 3 | 4 | 20 |

Contingency Tables

| | | major | | | | | |
|---|---|---|---|---|---|---|---|
| sex | personality | business | engineering | english | literature | politics | Total |
| female | extrovert | 3 | 2 | 0 | 0 | 1 | 6 |
| | introvert | 1 | 0 | 1 | 2 | 0 | 4 |
| | Total | 4 | 2 | 1 | 2 | 1 | 10 |
| male | extrovert | 1 | 2 | 0 | 0 | 2 | 5 |
| | introvert | 0 | 2 | 1 | 1 | 1 | 5 |
| | Total | 1 | 4 | 1 | 1 | 3 | 10 |
| Total | extrovert | 4 | 4 | 0 | 0 | 3 | 11 |
| | introvert | 1 | 2 | 2 | 3 | 1 | 9 |
| | Total | 5 | 6 | 2 | 3 | 4 | 20 |

# 4장 기술통계

기술통계(descriptive statistics)는 한 개인이나 집단의 속성을 있는 그대로 요약하여 제시하는 통계를 의미한다. 반면 추리통계(inferential statistics)는 모집단에서 추출한 표본의 통계치를 가지고 모집단의 속성을 추정하려는 통계를 의미한다. 기술통계에는 중심경향에 관한 통계치와 분산도에 관한 통계치가 있는데, 앞서 통계의 기본개념에서 설명한 바와 같이 중심경향값에는 평균, 중앙값, 최빈값 등이 있다. 또 분산도에 관한 값에는 범위, 편차, 분산, 표준편차 등이 있다.

## 4.1. 중심경향값(central tendency) 구하기

평균(mean)은 중심경향값 중에서 가장 대표적인 통계치로서 데이터를 합산한 후 사례수로 나눈 값이다. 평균을 $\overline{X}$ 또는 $\overline{Y}$로 표시하거나, Mean의 앞글자인 $M$으로 표시한다. 평균을 계산하는 공식은 다음과 같다:

$$\overline{Y} = \frac{\Sigma Y_i}{n}$$

중앙값(median)은 가장 적은 수부터 가장 큰 수까지 순서대로 배열했을 때 중앙에 위치하는 값을 의미한다. 일반적으로 $M_d$로 표시하며, 중앙값을 계산하는 공식은 다음과 같다:

$$M_d = \frac{Y_{(n/2)} + Y_{(n/2+1)}}{2}$$

$n$: 총 사례수

$Y_{(n/2)}$: 총 사례수의 절반에 해당하는 사례의 값

$Y_{(n/2+1)}$: 총 사례수의 절반보다 1만큼 이동한 사례의 값

최빈값(mode)은 가장 빈번하게 나타나는 사례로서 명목변수의 경우 대푯값이 된다. SPSS에서 중심경향값을 구하는 예시는 대학 성적을 사용하도록 하겠다. 먼저 데이터를 불러온다.

| sex | subject | midterm | final | total |
|---|---|---|---|---|
| male | math | 40 | 50 | 90 |
| female | math | 30 | 30 | 60 |
| male | math | 30 | 40 | 70 |
| male | math | 35 | 42 | 77 |
| female | math | 27 | 32 | 59 |
| female | math | 25 | 30 | 55 |
| male | math | 32 | 44 | 76 |
| female | math | 37 | 42 | 79 |
| female | math | 31 | 40 | 71 |
| male | english | 38 | 43 | 81 |
| male | english | 21 | 25 | 46 |
| female | english | 37 | 49 | 86 |
| male | english | 29 | 35 | 64 |
| male | english | 33 | 40 | 73 |
| female | english | 24 | 36 | 60 |
| male | english | 33 | 35 | 68 |
| female | english | 40 | 49 | 89 |
| male | english | 35 | 45 | 80 |
| female | english | 34 | 40 | 74 |
| male | english | 25 | 33 | 58 |

데이터 창이 나타나면 메뉴에서 분석 → 기술통계량 → 빈도분석을 클릭한다. 빈도분석 대화창이 나타나면 우측 변수창에 중간, 기말, 합계 성적을 보낸다. 빈도분석 통계량을 선택하는 대화창에는 평균, 중위수(중앙값), 최빈값을 선택한다.

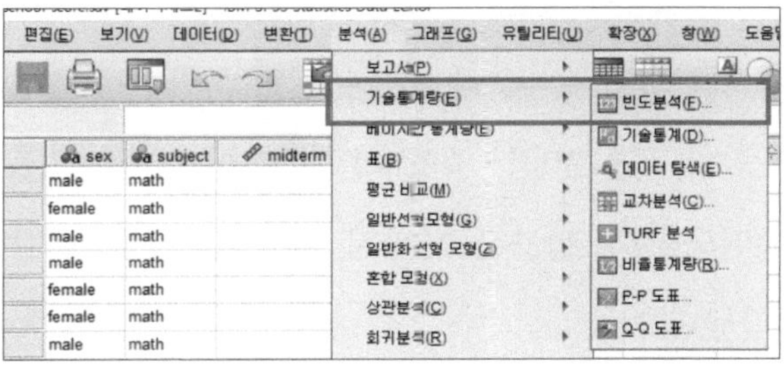


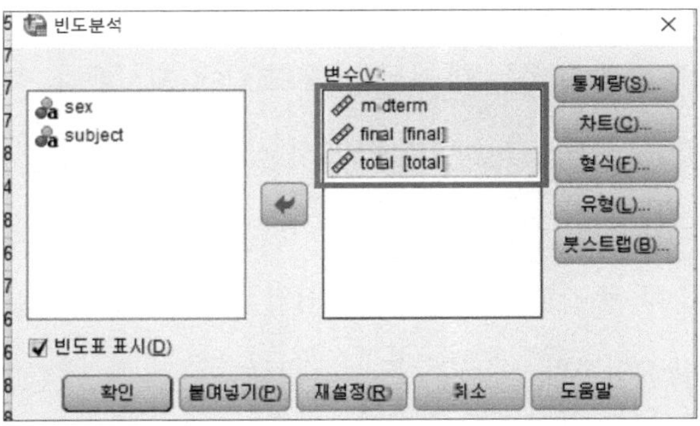


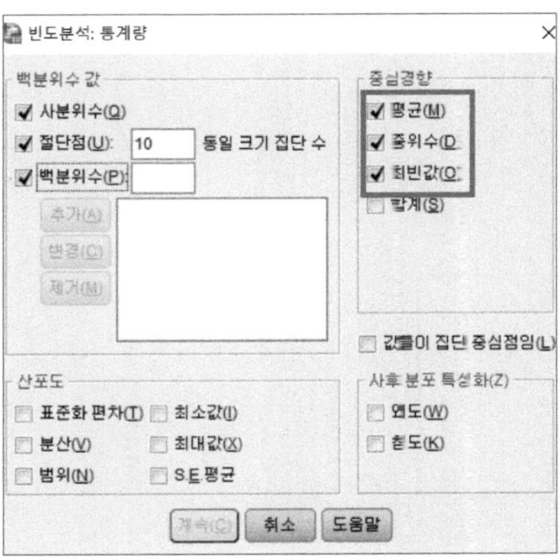

**통계량**

| | | midterm | final | total |
|---|---|---|---|---|
| N | 유효 | 20 | 20 | 20 |
| | 결측 | 0 | 0 | 0 |
| 평균 | | 31.80 | 39.00 | 70.80 |
| 중위수 | | 32.50 | 40.00 | 72.00 |
| 최빈값 | | 25[a] | 40 | 60 |

a. 여러 최빈값이 있습니다. 가장 작은 값이 나타납니다.

결과표를 살펴보면 중간고사의 평균은 31.8점, 중앙값은 32.5점이다. 최빈값은 여러 개가 나타났는데, SPSS에서는 이 경우 가장 작은 값을 보여준다. 기말고사의 평균은 39점, 중앙값은 40점이고, 최빈값도 40점으로 나타났다. 총점의 경우 평균은 70.8점, 중앙값은 72점이고, 최빈값은 60점으로 나타났다.

jamovi에서 중심경향값을 구하는 예시는 아래 그림에 제시했다. 학생들의 과목별, 성별 평균과 중앙값을 아래 표에서 찾으면 먼저 여학생 영어 중간고사 평균은 33.8점, 기말고사 평균은 43.5점, 총점 평균은 77.3점이고, 여학생 수학 중간고사 평균은 30.0점, 기말고사 평균은 34.8점, 총점 평균은 64.8점이다.

Descriptives

| | sex | subject | midterm | final | total |
|---|---|---|---|---|---|
| N | female | english | 4 | 4 | 4 |
| | | math | 5 | 5 | 5 |
| | male | english | 7 | 7 | 7 |
| | | math | 4 | 4 | 4 |
| Missing | female | english | 0 | 0 | 0 |
| | | math | 0 | 0 | 0 |
| | male | english | 0 | 0 | 0 |
| | | math | 0 | 0 | 0 |
| Mean | female | english | 33.8 | 43.5 | 77.3 |
| | | math | 30.0 | 34.8 | 64.8 |
| | male | english | 30.6 | 36.6 | 67.1 |
| | | math | 34.3 | 44.0 | 78.3 |
| Median | female | english | 35.5 | 44.5 | 80.0 |
| | | math | 30 | 32 | 60 |
| | male | english | 33 | 35 | 68 |
| | | math | 33.5 | 43.0 | 76.5 |

남학생 영어 중간고사 평균은 30.6점, 기말고사 평균은 36.6점, 총점 평균은 67.1점이고, 남학생 수학 중간고사 평균은 34.3점, 기말고사 평균은 44.0점, 총점 평균은 78.3점이다.

또 여학생 영어 중간고사 중앙값은 35.5점, 기말고사 중앙값은 44.5점, 총점 중앙값은 80.0점이고, 여학생 수학 중간고사 중앙값은 30.0점, 기말고사 평균은 34.8점, 총점 평균은 64.8점이다. 남학생 영어 중간고사 평균은 33점, 기달고사 중앙값은 35점, 총점 중앙값은 68점이고, 남학생 수학 중간고사 중앙값은 33.5점, 기말고사 중앙값은 43.0점, 총점 중앙값은 76.5점이다. jamovi에서 집중경향의 통계치를 구하는 절차는 아래 그림과 같다.

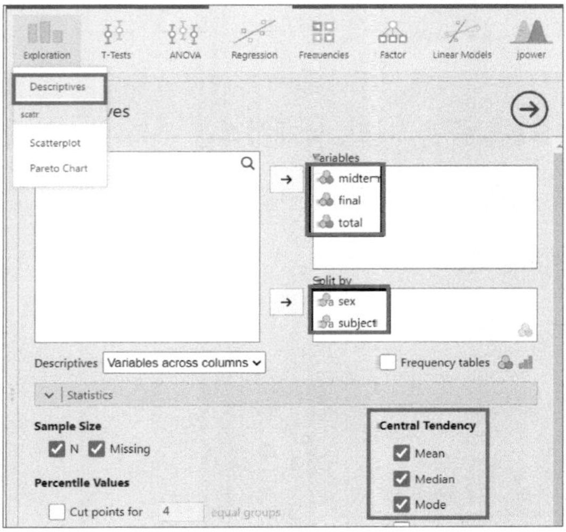

## 4.2. 분산도(dispersion) 통계량 구하기

분산도는 자료가 평균을 중심으로 흩어진 정도를 정도를 나타내는데, 앞서 통계의 기본개념에서 설명한 바와 같이 범위(range), 분산(variance), 표준편차(standard deviation) 등이 있다. SPSS에서 분산도 통계량을 구하기 위해서는 메뉴창에서 분석 → 기술통계량 → 기술통계를 클릭한다.

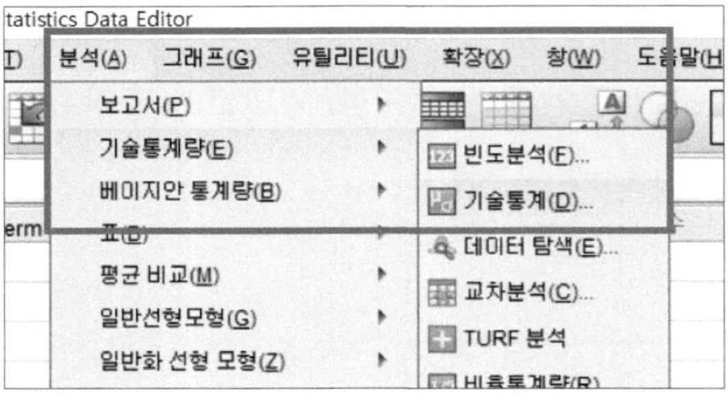


기술통계 대화창이 나타나면 중간, 기말, 합계성적을 우측 변수창에 보내고, 옵션을 클릭한다. 기술통계 대화창이 나타나면 표준편차, 분산, 범위 등에 클릭하여 선택한다.

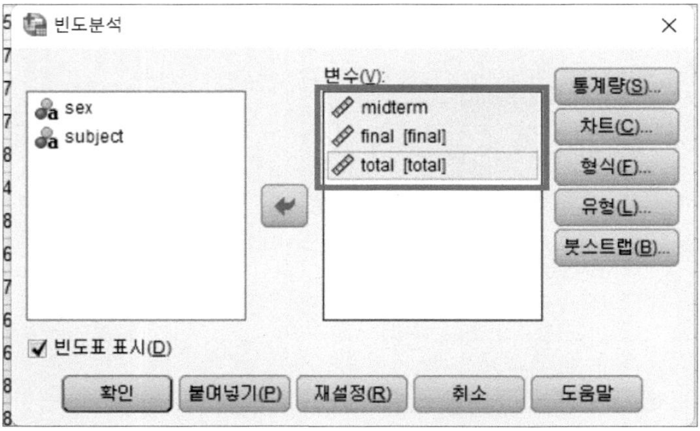

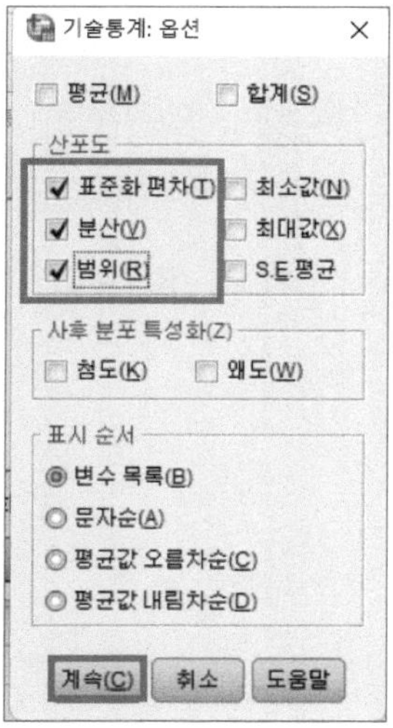


**기술통계량**

| | N | 범위 | 표준편차 | 분산 |
|---|---|---|---|---|
| midterm | 20 | 19 | 5.444 | 29.642 |
| final | 20 | 25 | 6.898 | 47.579 |
| total | 20 | 44 | 11.972 | 143.326 |
| 유효 N(목록별) | 20 | | | |

위 결과를 살펴보면 중간고사의 범위는 19점, 표준편차는 5.44점이고, 분산은 29.64점이었다. 기말고사의 범위는 25점, 표준편차는 6.89점이고, 분산은 47.57점이었다. 총점의 경우 범위는 44점, 표준편차 11.97점, 분산은 143.32점이었다.

jamovi에서 분산도 통계량을 구하는 절차는 아래 그림과 같다. Analysis → Exploration → Descriptives를 클릭한다. Variables에 세 가지 성적을 넣고, Split by에 성별과 과목을 보낸다. 이어서 분산도 통계량을 위한 Std. deviation, Variance, Range, IQR(InterQuatile Range) 등을 클릭한다.

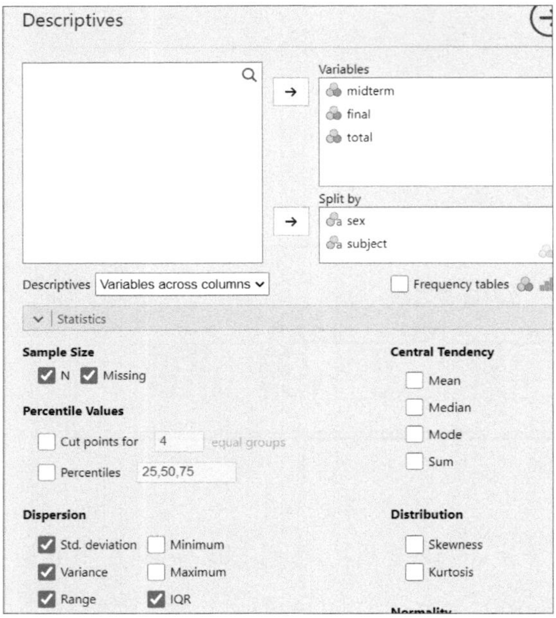


| | | | | | |
|---|---|---|---|---|---|
| Standard deviation | female | english | 6.95 | 6.56 | 13.2 |
| | | math | 4.58 | 5.76 | 9.91 |
| | male | english | 5.94 | 6.78 | 12.5 |
| | | math | 4.35 | 4.32 | 8.42 |
| Variance | female | english | 48.3 | 43.0 | 174 |
| | | math | 21.0 | 33.2 | 98.2 |
| | male | english | 35.3 | 46.0 | 155 |
| | | math | 18.9 | 18.7 | 70.9 |
| IQR | female | english | 6.25 | 10.0 | 16.3 |
| | | math | 4.00 | 10.0 | 12.0 |
| | male | english | 7.00 | 7.50 | 15.5 |
| | | math | 4.75 | 4.00 | 5.75 |
| Range | female | english | 16 | 13 | 29 |
| | | math | 12 | 12 | 24 |
| | male | english | 17 | 20 | 35 |
| | | math | 10 | 10 | 20 |

위 결과를 살펴보면 여학생 집단의 중간고사 영어점수의 표준편차는 6.95, 기말고사 점수의 표준편차는 6.56, 총점의 표준편차는 13.2점이다. 또 수학점수의 표준편차는 4.58, 기말고사의 표준편차는 5.76, 총점의 표준편차는 9.91이다. 남학생 집단의 경우 영어점수의 표준편차는 5.94, 기말고사 점수의 표준편차는 6.78, 총점의 표준편차는 12.5점이다. 또 수학점수의 표준편차는 4.35, 기말고사의 표준편차는 4.32, 총점의 표준편차는 8.42이다. 여학생에 비해서 남학생 집단의 표준편차가 적어서 다소 동질적임을 볼 수 있다.

다음으로 분산을 살펴보면 여학생 집단의 중간고사 영어점수의 분산은 48.3, 기말고사 점수의 분산은 43.0, 총점의 분산은 174점이다. 또 수학점수의 분산은 21.0, 기말고사의 분산은 33.2, 총점의 분산은 98.2이다. 남학생 집단의 경우 영어점수의 중간고사 점수 분산은 35.3, 기말고사 점수의 분산은 46, 총점의 분산은 155점이다. 또 수학점수의 중간고사 분산은 18.9, 기말고사의 분산은 18.7, 총점의 분산은 70.9이다.

마지막으로 범위를 살펴보면 여학생 집단의 중간고사 영어점수의 범위는 16, 기말고사 점수의 범위는 13, 총점의 범위는 29점이다. 또 중간고사 수학점수의 범위는 12, 기말고사의 범위는 12, 총점의 범위는 24이다. 남학생 집단의 경우 영어점수의 중간고사 점수 범위는 17, 기말고사 점수의 범위는 20, 총점의 범위는 35점이다. 또 수학점수의 중간고사 범위는 10, 기말고사의 범위는 10, 총점의 범위는 20이다.

## 4.3. 상관(correlation) 통계량 구하기

기술통계는 표본의 현상에 대해서 묘사하는 것인데, 상관은 두 가지 이상 변수 간의 관계를 묘사하는 것이다. 상관은 두 변수가 함께 변화하는 정도를 보여주는 통계량이다. 예를 들어서 학습시간의 변화에 따른 성적의 변화를 보여줄 수 있다.

상관은 두 변수 간 함께 변화하는 정도를 보여주나, 인과관계(causal relationship)로 해석하는 것은 신중해야 한다. 예를 들어 조사연구에서 아동의 신체 크기와 지능 간 상관이 있을 수 있으나 신체 크기가 지능의 원인이라고 보기는 어렵다. 여기에는 발달과 성숙이라는 원인이 숨어 있다. 하지만 실험연구에서 상관계수는 인과관계를 보여줄 수 있다.

### 4.3.1. 산포도(scatter plot) 구하기

산포도란 두 변수가 함께 변화하는 정도를 점으로 표시하는 도표이다. 위에서 예로 든 것처럼 고등학생의 학습시간과 성적을 아래 표에 정리할 수 있다.

| 학생 | A | B | C | D | E | F | G | H | I | J |
|---|---|---|---|---|---|---|---|---|---|---|
| 학습시간 | 1 | 2 | 2 | 3 | 3 | 4 | 4 | 5 | 6 | 7 |
| 성적 | 20 | 30 | 35 | 40 | 45 | 50 | 45 | 50 | 55 | 60 |

SPSS에서 두 변수의 관계를 알아보기 위한 산포도를 구하는 요령은 아래와 같다. 먼저 엑셀로 저장된 데이터를 불러온다.

| 학생 | 학습시간 | 성적 |
|---|---|---|
| A | 1 | 20 |
| B | 2 | 30 |
| C | 2 | 35 |
| D | 3 | 40 |
| E | 3 | 45 |
| F | 4 | 50 |
| G | 4 | 45 |
| H | 5 | 50 |
| I | 6 | 55 |
| J | 7 | 60 |

데이터를 불러오면 메뉴에서 그래프 → 차트 작성기를 클릭한다. 이어서 나타나는 대화창 갤러리탭에서 산포도/산점도를 선택하고, 오른쪽 도표 유형에서 적합선이 있는 단순 산포도를 선택한다.

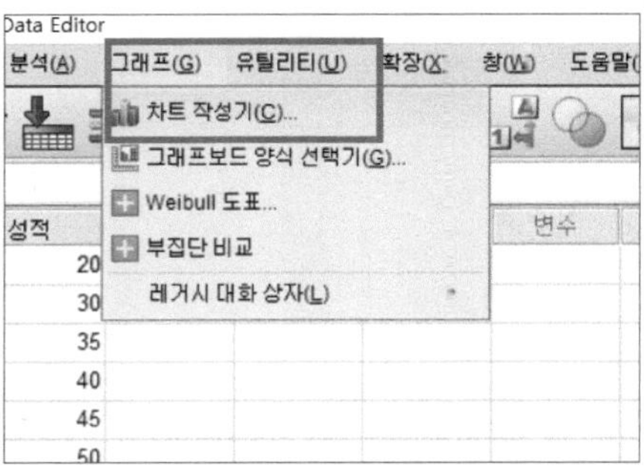


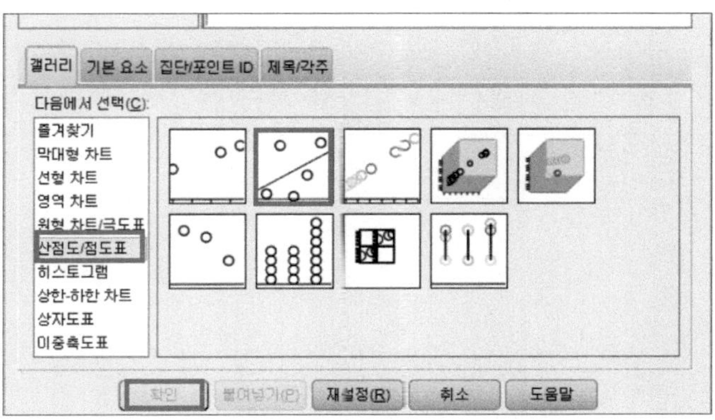

이렇게 지정하면 위쪽 차트영역에서 X축과 Y축에 변수를 지정하도록 하는데, X축에는 학습시간을 지정한다. 그러면 적합선 (fitting line)이 그려진 산포도를 통해서 학습시간과 성적이 선형 비례하는 관계에 있음을 확인할 수 있다.

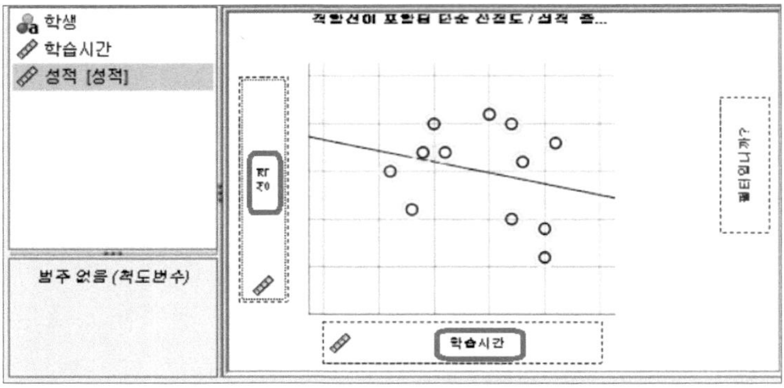


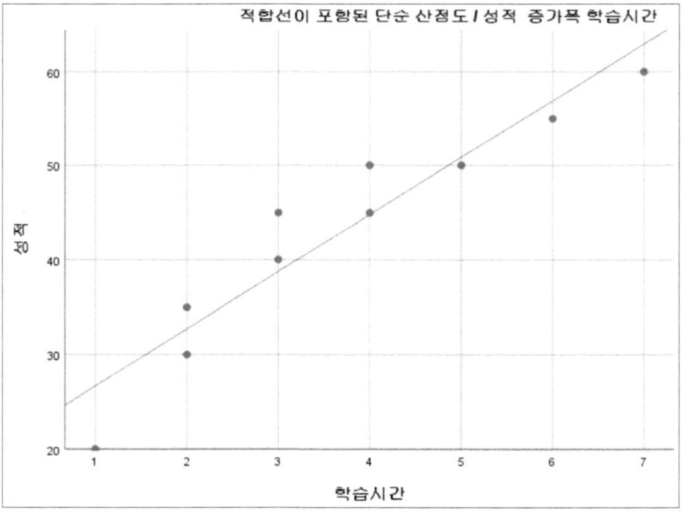

jamovi에서 산포도는 Analysis → Exploration → Scatterplot 클릭한 이후 학습시간을 X축으로, 성적을 Y축으로 보낸다. 그러면 scatterplot이 실행된다.

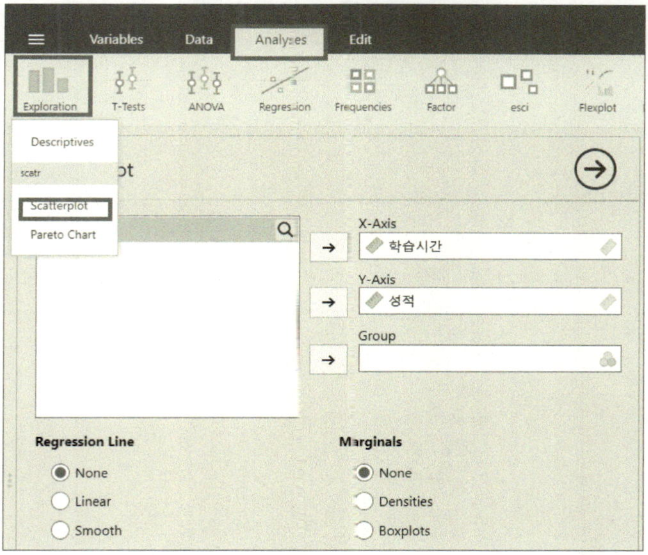


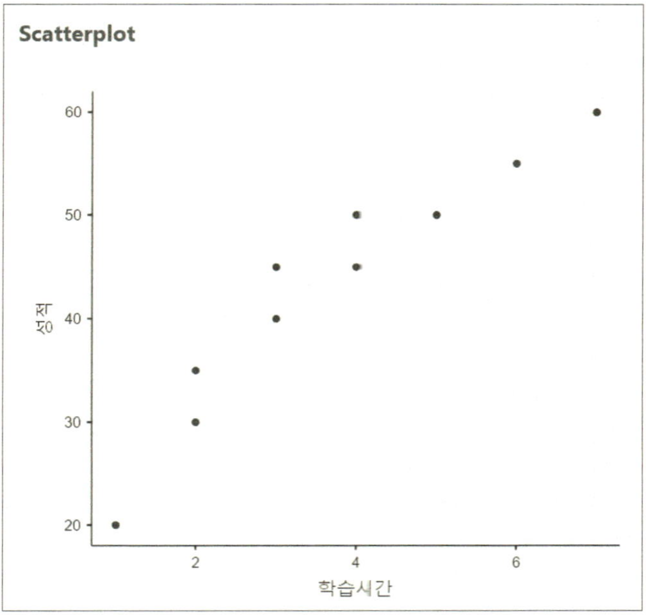

만약 산포도에 회귀선을 추가하려면 Analysis → Exploration → Scatterplot → Regression Line → Liner를 클릭하면 된다.

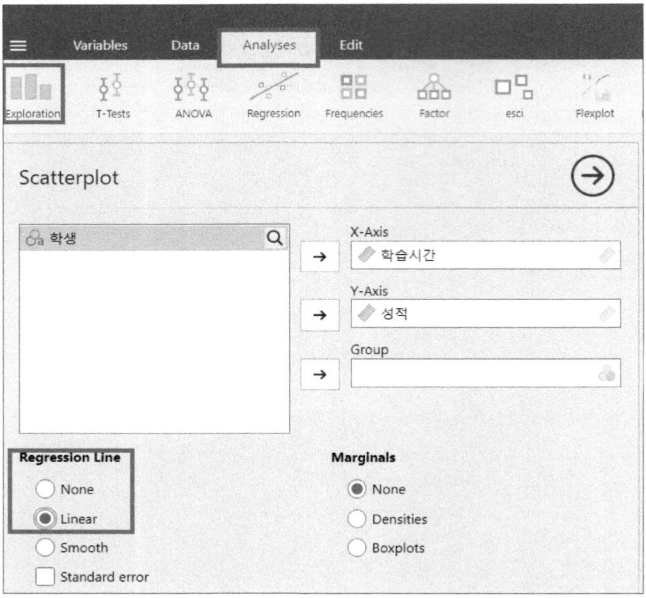


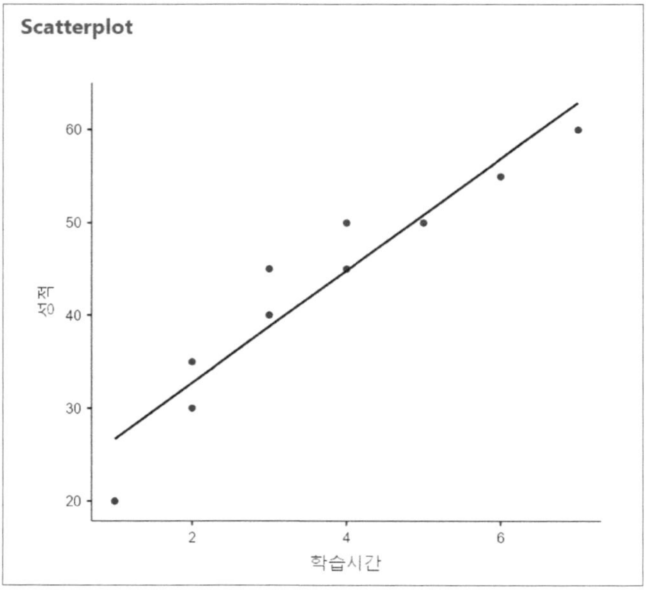

산포도에 회귀선을 추가해보면 학습시간(X)과 성적(Y) 간에는 선형적으로 변화하는 관계가 있음을 알 수 있다. 즉, 학습시간이 증가함에 따라서 성적이 향상되는 것을 보여준다. 이렇게 산포도를 도식해봄으로써 두 변수 간 관계의 양상을 알 수 있다. 두 변수 간 관계의 양상은 정적(+), 부적(-), 무상관 등으로 나타난다.

**▼ (A)정적 상관**

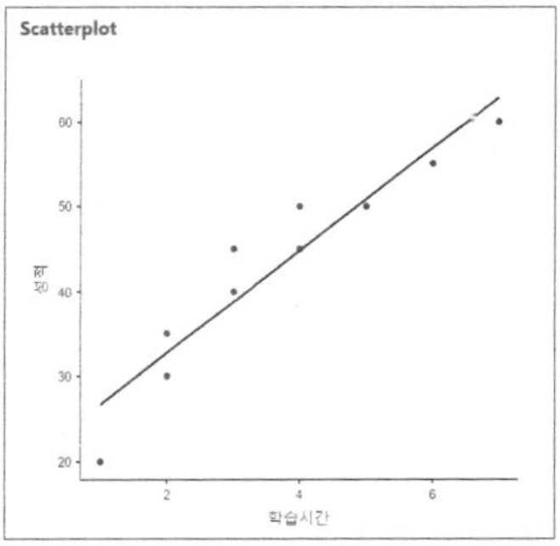


**▼ (B)부적 상관**

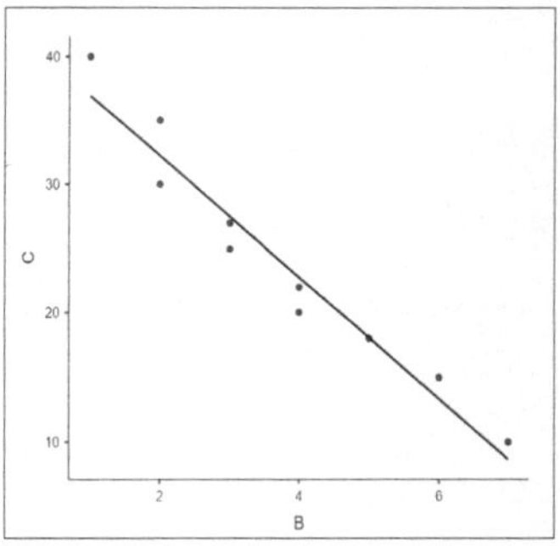

**▼ (C)무상관**

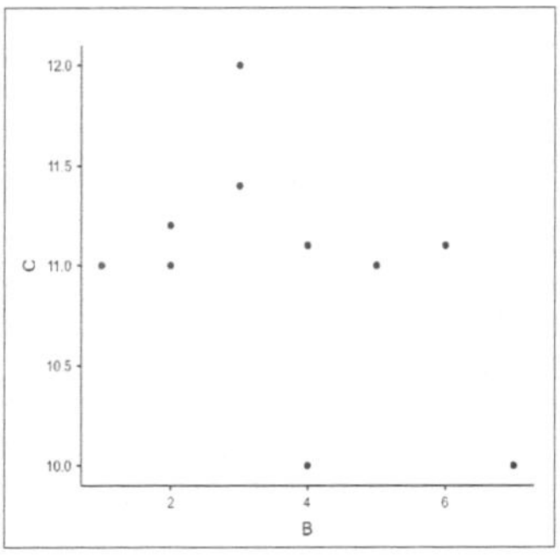

(A) 정적 상관은 X가 증가할수록 Y도 함께 증가하는 양상을 보이고, (B) 부적 상관은 X가 증가할수록 Y는 감소하는 모습을 보이며, (C) 무상관은 X의 변화와 Y의 변화 사이에 일정한 패턴이 발견되지 않는다.

### 4.3.2. 공분산(Covariance) 구하기

공분산은 두 변수가 함께 변화하는 양을 의미한다. 즉, X가 변화함에 따라서 Y가 변화는 크기를 보여주며, 두 가지 변수의 편차를 곱한 값들을 모두 합산한 후 사례수로 나눠준다. 공분산은 로 표시하고, 공분산을 구하는 공식은 아래와 같다.

$$S_{XY} = \frac{\Sigma(X_i - \overline{X})(Y_i - \overline{Y})}{n}$$

고등학생의 16명의 내신성적과 수능성적의 예를 아래와 같이 표로 나타낼 수 있다.

| | 내신성적(X) | 수능성적(Y) | $(X_i - \overline{X})$ | $(Y_i - \overline{Y})$ | $(X_i - \overline{X})(Y_i - \overline{Y})$ |
|---|---|---|---|---|---|
| | 200.00 | 156.00 | -35.88 | -14.44 | 518.11 |
| | 216.00 | 160.00 | -19.88 | -10.44 | 207.55 |
| | 220.00 | 161.00 | -15.88 | -9.44 | 149.91 |
| | 219.00 | 160.00 | -16.88 | -10.44 | 176.23 |
| | 223.00 | 167.00 | -12.88 | -3.44 | 44.31 |
| | 228.00 | 163.00 | -7.88 | -7.44 | 58.63 |
| | 233.00 | 165.00 | -2.88 | -5.44 | 15.67 |
| | 240.00 | 170.00 | 4.12 | -0.44 | -1.81 |
| | 237.00 | 160.00 | 1.12 | -10.44 | -11.69 |
| | 242.00 | 171.00 | 6.12 | 0.56 | 3.43 |
| | 245.00 | 172.00 | 9.12 | 1.56 | 14.23 |
| | 250.00 | 181.00 | 14.12 | 10.56 | 149.11 |
| | 251.00 | 182.00 | 15.12 | 11.56 | 174.79 |
| | 255.00 | 185.00 | 19.12 | 14.56 | 278.39 |
| | 257.00 | 186.00 | 21.12 | 15.56 | 328.63 |
| | 258.00 | 188.00 | 22.12 | 17.56 | 388.43 |
| 평균 | 235.88 | 170.44 | 0.00 | 0.00 | 155.87 |

SPSS에서 공분산을 구하기 위해서 먼저 데이터를 불러온다. 엑셀로 저장되어 있는 내신성적과 수능성적을 SPSS에서 읽어온다.

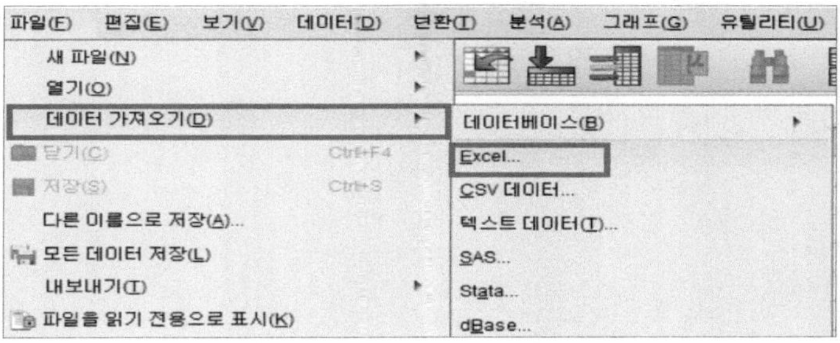


| | 내신성적X | 수능성적Y |
|---|---|---|
| 1 | 200 | 156 |
| 2 | 216 | 160 |
| 3 | 220 | 161 |
| 4 | 219 | 160 |
| 5 | 223 | 167 |
| 6 | 228 | 163 |
| 7 | 233 | 165 |
| 8 | 240 | 170 |
| 9 | 237 | 160 |
| 10 | 242 | 171 |
| 11 | 245 | 172 |
| 12 | 250 | 181 |
| 13 | 251 | 182 |
| 14 | 255 | 185 |
| 15 | 257 | 186 |
| 16 | 258 | 188 |

데이터를 읽어온 후 공분산을 구하기 위해서 분석 → 상관분석 → 이변량 상관을 클릭한다.

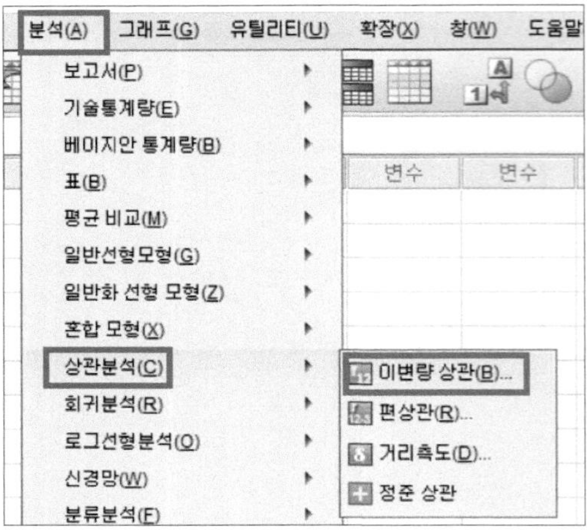


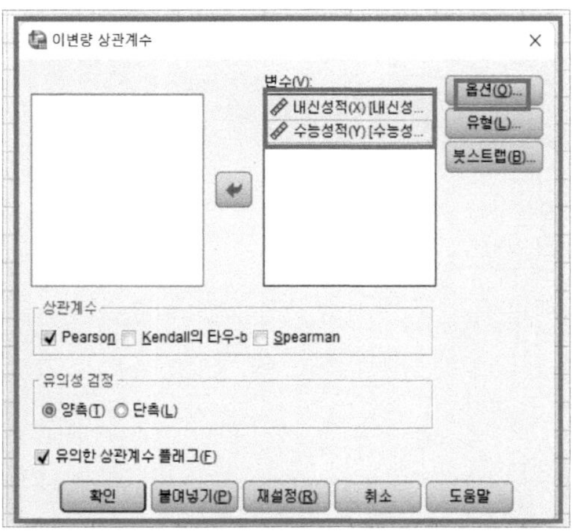


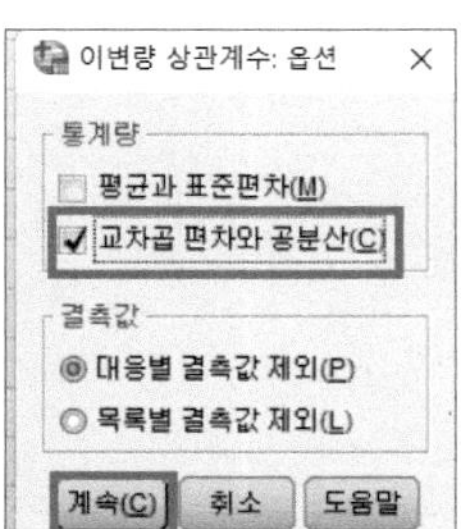

이변량 상관계수: 옵션창이 나타나면 교차곱 편차와 공분산을 클릭한다. 필요하다면 평균과 표준편차를 선택해도 된다. 그러면 아래와 같은 결과창이 나타난다.

| | | 내신성적(X) | 수능성적(Y) |
|---|---|---|---|
| 내신성적(X) | Pearson 상관 | 1 | .911** |
| | 유의확률 (양측) | | .000 |
| | 제곱합 및 교차곱 | 4323.750 | 2493.875 |
| | 공분산 | 288.250 | 166.258 |
| | N | 16 | 16 |
| 수능성적(Y) | Pearson 상관 | .911** | 1 |
| | 유의확률 (양측) | .000 | |
| | 제곱합 및 교차곱 | 2493.875 | 1731.938 |
| | 공분산 | 166.258 | 115.463 |
| | N | 16 | 16 |

**. 상관관계가 0.01 수준에서 유의합니다(양측).

신성적과 수능성적의 공분산은 166.25로 나타났다.

### 4.3.3. 상관계수(correlation coefficient) 구하기

두 변수 간의 공분산은 관계의 정도를 나타내나, 분산형태라서 숫자가 크고, 두 변수 간 관계를 직관적으로 보여주기 어렵다. 따라서 두 변수가 함께 변화하는 정도를 간결하게 보여주는 상관계수를 산출한다. 피어슨 적률 상관계수는 $r$로 나타내는데, 정적 상관은 최대 +1.0, 부적 상관은 최대 −1.0이고 상관이 없을 경우 0에 가깝게 나타낸다. Pearson 적률상관계수를 구하는 공식은 아래와 같다.

$$r_{XY} = \frac{S_{XY}}{S_X S_Y}$$

상관계수 공식을 살펴보면 X, Y변수의 공분산을 X, Y의 표준편차 곱으로 나눈 값이다. 이 공식은 Pearson의 적률상관계수를 구하는 것으로서 이 외에서 척도수준에 따라서 다양한 상관계수가 존재하지만 우선 SPSS에서 적률상관계수를 산출하는 공식을 산출하는 방법을 소개하겠다. 먼저 SPSS에서 엑셀 데이터를 불러온다.

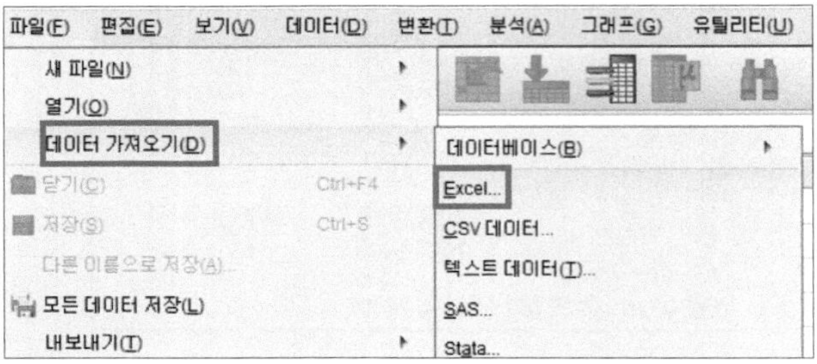


SPSS에서 데이터창이 나타나면 상단 메뉴에서 분석 → 상관분석 → 이변량 상관을 클릭한다.

| 내신성적X | 수능성적Y |
|---|---|
| 200 | 156 |
| 216 | 160 |
| 220 | 161 |
| 219 | 160 |
| 223 | 167 |
| 228 | 163 |
| 233 | 165 |
| 240 | 170 |
| 237 | 160 |
| 242 | 171 |
| 245 | 172 |
| 250 | 181 |
| 251 | 182 |
| 255 | 185 |
| 257 | 186 |
| 258 | 188 |

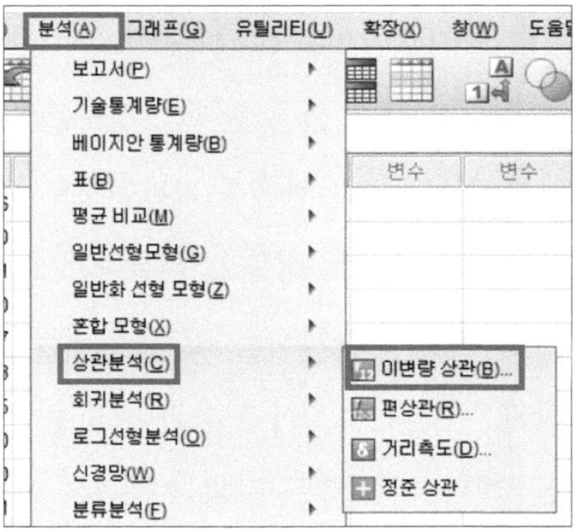

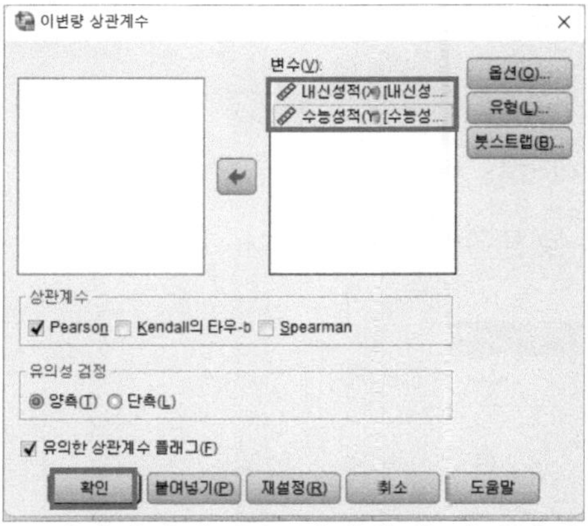


이변량상관계수 대화창이 나타나면 내신성적(X), 수능성적(Y)을 변수창으로 보낸다. 이후 확인을 클릭하면 아래와 같은 결과가 나타난다.

| | | 내신성적(X) | 수능성적(Y) |
|---|---|---|---|
| 내신성적(X) | Pearson 상관 | 1 | .911** |
| | 유의확률 (양측) | | .000 |
| | 제곱합 및 교차곱 | 4323.750 | 2493.875 |
| | 공분산 | 288.250 | 166.258 |
| | N | 16 | 16 |
| 수능성적(Y) | Pearson 상관 | .911** | 1 |
| | 유의확률 (양측) | .000 | |
| | 제곱합 및 교차곱 | 2493.875 | 1731.938 |
| | 공분산 | 166.258 | 115.463 |
| | N | 16 | 16 |

**. 상관관계가 0.01 수준에서 유의합니다(양측).

내신성적과 수능성적의 상관계수는 0.91로 나타났다. 상관계수를 해석하는 기준은 아래와 같다.

| 상관계수 범위 | 해석 기준 |
|---|---|
| 0.80 ~ 1.00 | 상관이 매우 높다 |
| 0.60 ~ 0.80 | 상관이 높다 |
| 0.40 ~ 0.60 | 상관이 있다 |
| 0.20 ~ 0.40 | 상관이 낮다 |
| 0.00 ~ 0.20 | 상관이 매우 낮다 |

jamovi에서 앞서 제시한 내신성적과 수능성적의 상관계수를 구하는 방법은 아래와 같다. Analyses → Regression → Correlation Matrix → Correlation Coefficients → Pearson을 클릭한다. 그리고 내신성적(X)와 수능성적(Y)를 오른쪽 창으로 보낸다.

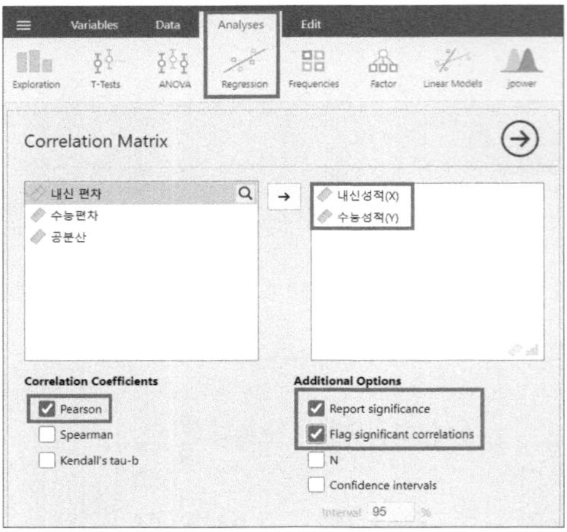


### Correlation Matrix

Correlation Matrix

| | | 내신성적(X) | 수능성적(Y) |
|---|---|---|---|
| 내신성적(X) | Pearson's r | — | |
| | p-value | — | |
| | 95% CI Upper | — | |
| | 95% CI Lower | — | |
| 수능성적(Y) | Pearson's r | 0.911 *** | — |
| | p-value | < .001 | — |
| | 95% CI Upper | 0.968 | — |
| | 95% CI Lower | 0.766 | — |

*Note.* * p < .05, ** p < .01, *** p < .001

위 그림에서 제시한 바와 같이 내신성적과 수능성적의 상관계수는 0.91로 나타났다.

상관계수를 산출할 때는 몇 가지 기본가정을 확인해야 한다. 첫째, 선형성(linearity)이 만족되는지 확인해야 하는데, 선형성은 X변수의 변화에 따라서 Y변수가 계속 증가하거나, 계속 감소하는 단조성(mono-pattern)이 필요하다. 그러나 어떤 변수들은 곡선형(curve-linearity)을 보이기도 하는데, 즉 X가 증가함에 따라서 Y도 일정 수준까지는 증가하다가 정점(highest point)을 지나고는 오히려 감소하는 모습을 보이거나, 혹은 X가 증가함에 따라서 Y가 감소하다가 저점(lowest point)을 지나면 증가하는 모습을 보일 수 있다. 아래 그림에는 선형성을 보이는 관계와 곡선형을 보이는 관계의 예를 보여준다.

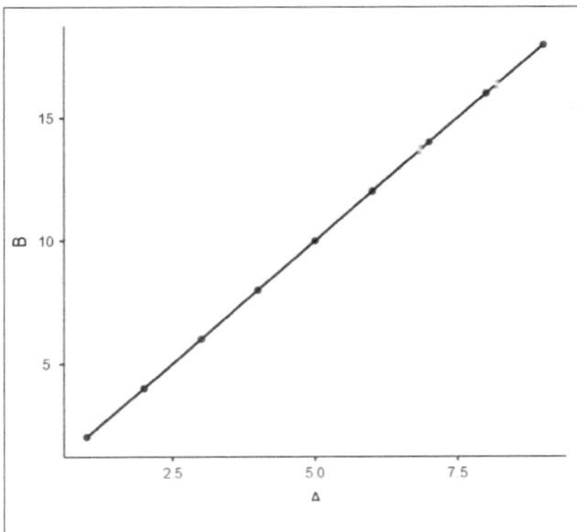

(A)

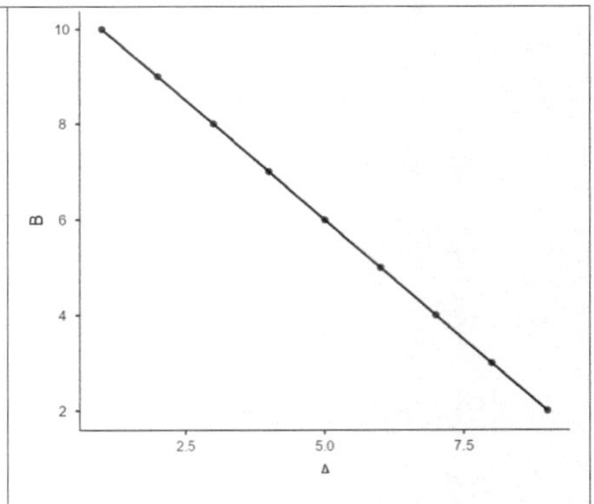

(B)

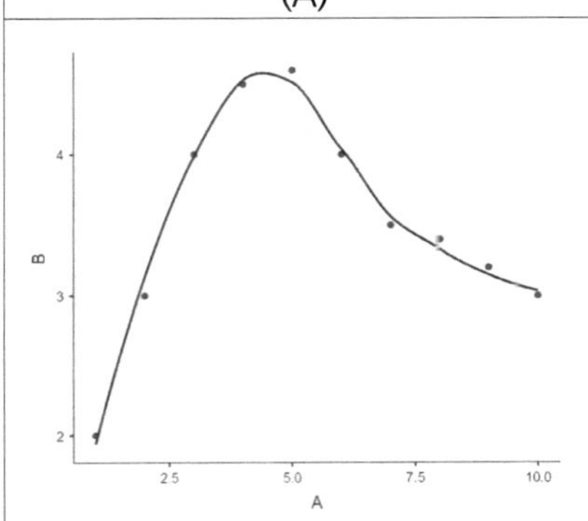

(D)

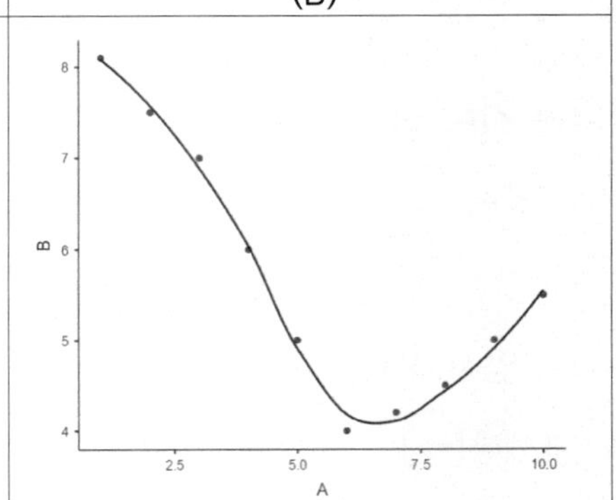

(C)

(A)는 두 변수의 정적 상관을 보여주고, (B)는 두 변수의 부적 상관을 나타낸다. (C)는 X가 증가할수록 Y변수가 감소하다가 어느 구간부터는 증가하는 곡선형 관계를 보여주고, (D)는 X가 증가할수록 Y변수도 증가하다가 어느 구간부터는 감소하는 곡선형 관계를 보여준다. 만약, 일반적인 선형관계를 가정하여 상관계수를 산출할 경우 (C)와 (D)의 자료는 0이 나타날 것이지만 실상은 선형관계가 아닐 뿐 관계가 있다고 봐야 한다. 이렇게 두 변수의 상관을 보기 위해서는 먼저 산포도를 그려서 경향을 확인할 필요가 있다.

둘째, 기술통계에서 상관을 보기 위해서는 등분산성(homoscedastic)을 확인해야 한다. 등분산성은 자료를 대표하는 선을 그었을 때 선을 중심으로 자료의 분포가 균등한 것을 의미한다.

셋째, 이상치(outlier)의 존재를 확인해야 한다. 이상치란 다른 데이터는 분포에서 크게 벗어나도록 점수가 높거나 낮은 사례를 의미한다. 따라서 산포도를 도식해서 데이터 안에 이상치가 있는지를 확인한 후 그것이 측정오차라고 판단될 경우는 제거하고 상관계수를 산출하는 것이 좋다.

### 4.3.4 기타 상관계수 구하기

앞서 Pearson의 적률 상관계수를 소개했는데, 변수의 척도 수준(명목, 서열, 등간, 비율, 절대)에 따라서 산출할 수 있는 상관계수가 달라진다. 앞서 적률 상관계수의 기본가정 중에서 변수의 연속성과 선형성을 제시했는데, 명목변수나 서열변수의 경우는 이러한 가정을 충족할 수 있다. 따라서 명목변수나 서열변수가 포함된 경우 각기 다른 종류의 상관계수 산출 방식을 적용해야 한다.

## Spearman의 등위 상관계수(rank order coefficient)

두 변수가 서열변수일 경우에는 연속성이 충족되지 않기 때문에 적률상관계수가 아니라 Spearman의 등위상관계수를 산출해야 한다. 등위상관계수를 산출하는 공식은 아래와 같다.

$$r_s = 1 - \frac{6\Sigma D_i^2}{n(n^2-1)}$$ $D_i$ =등위 차이, $n$=사례수

등위 상관계수를 산출하기 위해서는 (1) 각 연구대상자의 두 변수에 대한 등위를 부여, (2) 연구대상자의 두 변수의 등위 차를 계산, (3) 등위 차를 제곱한 후 합산, (4) 공식에 대입하여 계산한다. 예를 들어, 내신성적 등수와 수능성적 등수 간의 상관은 Spearman의 등위 상관계수로 산출할 수 있다.

| 내신등수 | 수능등수 | 등수 차( $D_i$ ) | $D_i^2$ |
|---|---|---|---|
| 1 | 3 | -2 | 4 |
| 2 | 2 | 0 | 0 |
| 3 | 1 | 2 | 4 |
| 4 | 5 | -1 | 1 |
| 5 | 4 | 1 | 1 |
| 6 | 6 | 0 | 0 |
| 7 | 8 | -1 | 1 |
| 8 | 7 | 1 | 1 |
| 9 | 9 | 0 | 0 |
| 10 | 10 | 0 | 0 |

SPSS에서 등위 상관계수를 산출하는 절차는 다음과 같다. 먼저 엑셀로 저장된 데이터를 불러온다.

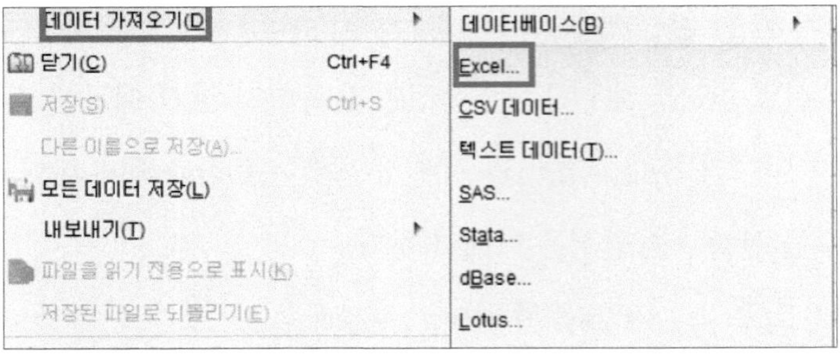


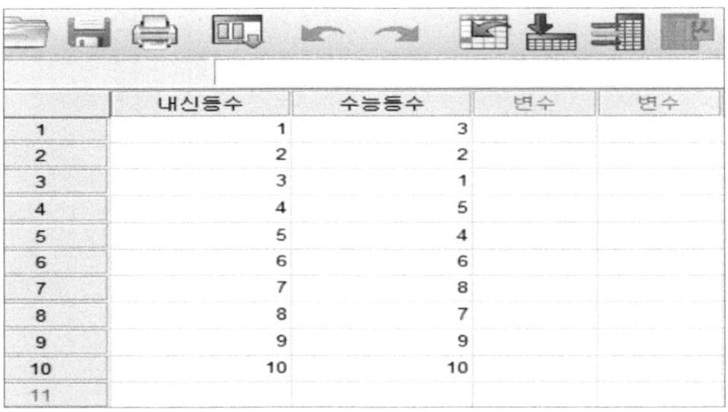


데이터 보기 탭 옆에 있는 변수보기 탭을 클릭한 후 측도를 클릭하여 나타나는 선택항목에서 순서로 지정한다.

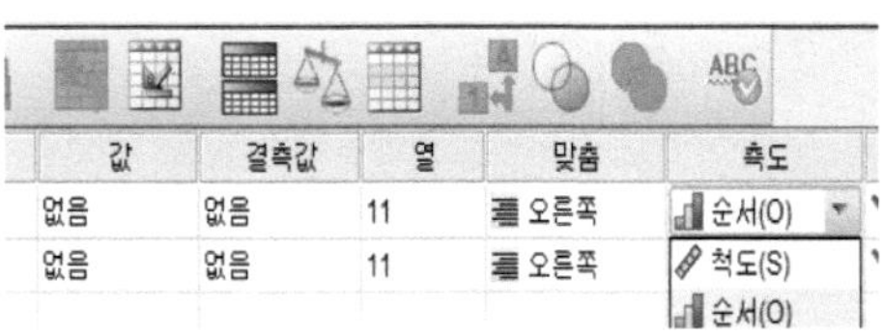

내신등수, 수능등수를 모두 순서로 지정한 이후 분석 → 상관분석 → 이변량상관계수를 클릭하고, 이변량상관계수 대화창이 나타나면 내신등수와 수능등수를 변수창에 보내고, 상관계수 중에서 Spearman을 선택한다.

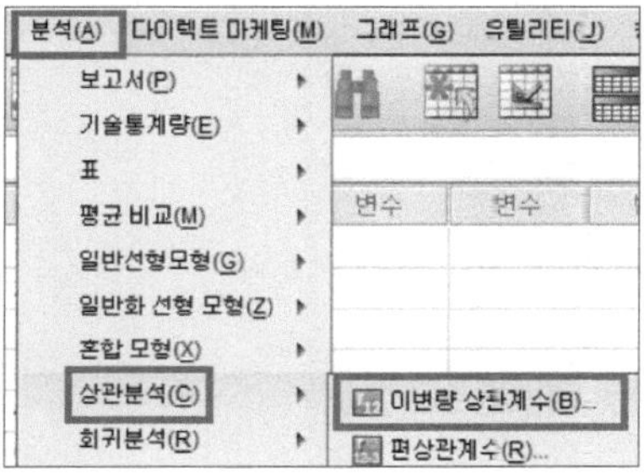


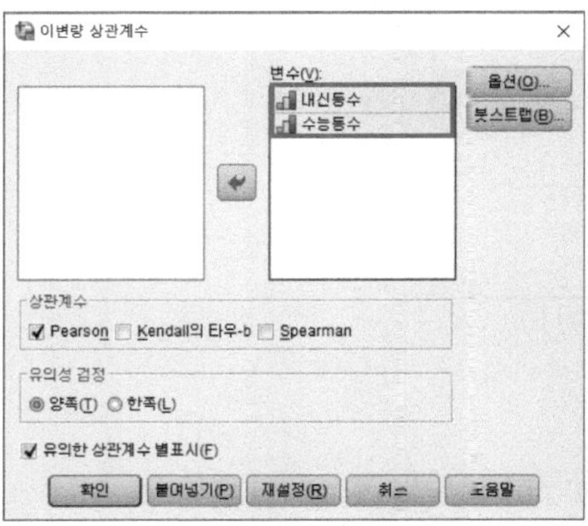


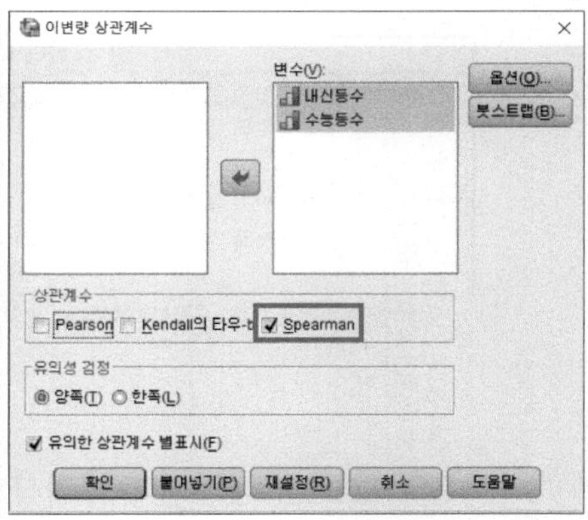

분석 결과를 살펴보면 Spearman 등위상관계수와 Pearson 적률상관계수 모두 0.927로 나타났다. 이 경우 두 가지 상관계수가 동일하게 나타났지만 통상 적률상관계수가 등위상관계수 보다 높게 나타나는 경향이 있다.

**상관계수**

| | | | 내신등수 | 수능등수 |
|---|---|---|---|---|
| Spearman의 rho | 내신등수 | 상관계수 | 1.000 | .927** |
| | | 유의확률(양측) | . | .000 |
| | | N | 10 | 10 |
| | 수능등수 | 상관계수 | .927** | 1.000 |
| | | 유의확률(양측) | .000 | . |
| | | N | 10 | 10 |

**. 상관 유의수준이 0.01입니다(양측).

**상관계수**

| | | 내신등수 | 수능등수 |
|---|---|---|---|
| 내신등수 | Pearson 상관계수 | 1 | .927** |
| | 유의확률 (양쪽) | | .000 |
| | N | 10 | 10 |
| 수능등수 | Pearson 상관계수 | .927** | 1 |
| | 유의확률 (양쪽) | .000 | |
| | N | 10 | 10 |

**. 상관계수는 0.01 수준(양쪽)에서 유의합니다.

다음으로 jamovi에서 등위상관계수를 산출하기 위해서 먼저 엑셀로 저장된 데이터를 불러온다.

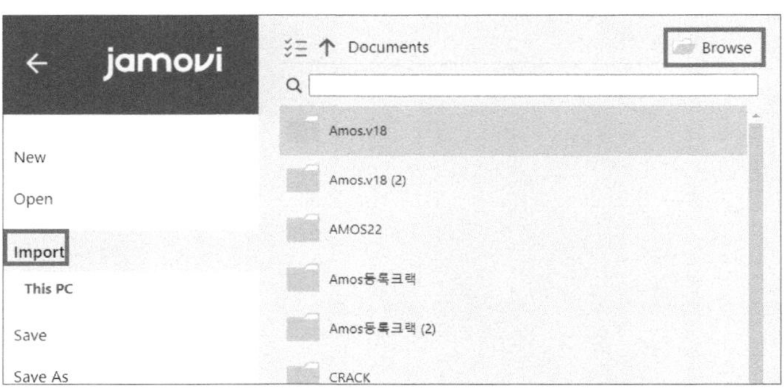

Import를 클릭한 후 Browse를 클릭 하고 엑셀 데이터가 저장된 폴더를 찾은 후 Data files를 클릭한 후 Excel(.xls, .xlxs)를 클릭한다.

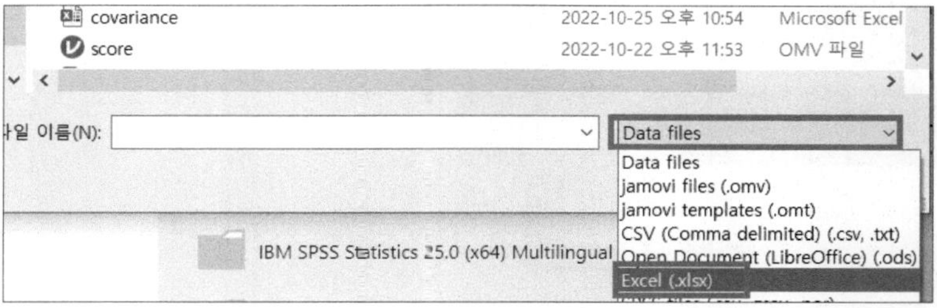


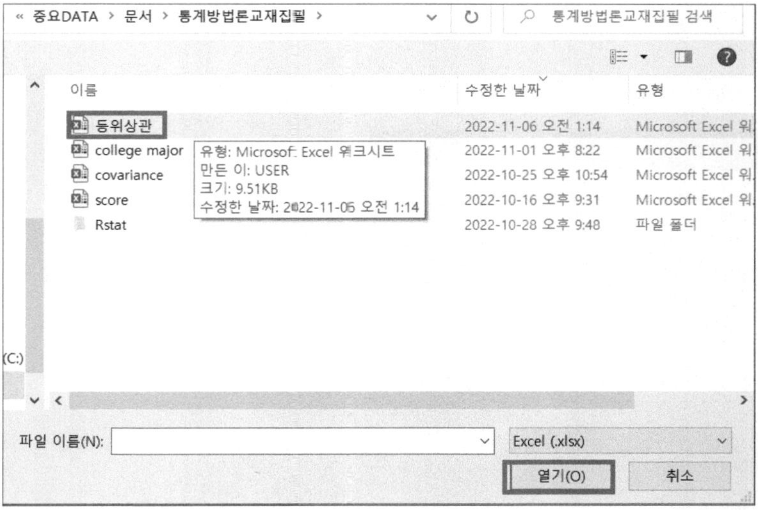

jamovi에서 데이터가 열리면 Regression → Correlation Matrix를 클릭한 후 대화창이 나타나면 분석변수에 내신등수와 수능등수를 보낸다.

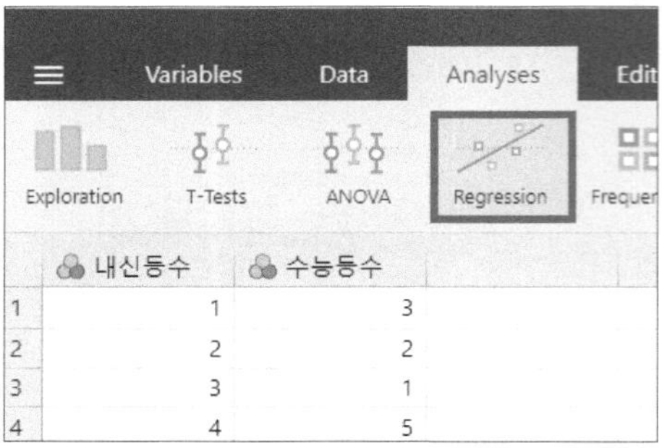


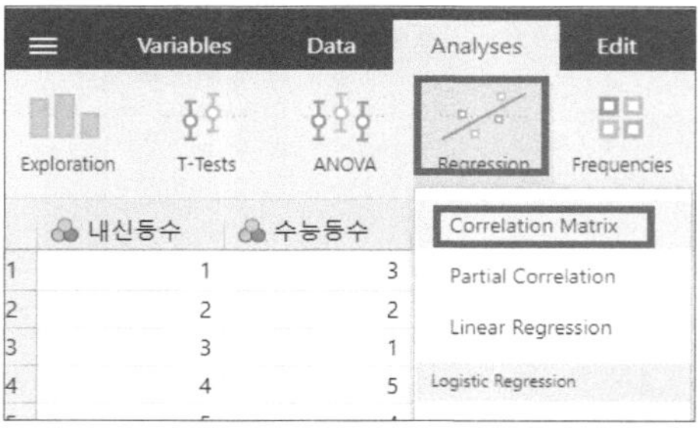


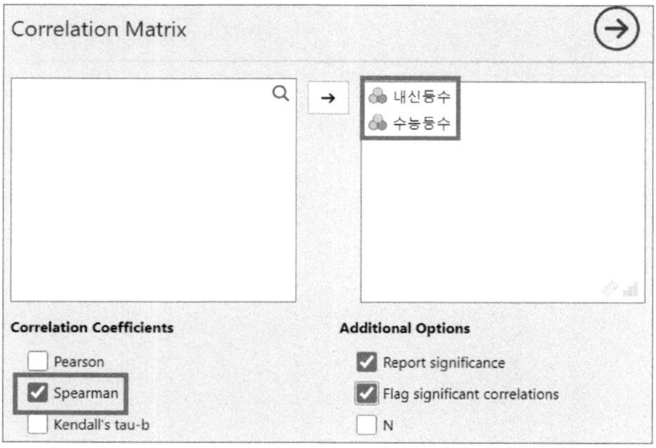

좌측 아래의 Correlation Coefficients 선택창에서 Spearman을 클릭한다. 그러면 우측 결과창에서 0.927이라는 등위상관계수 값을 얻는다.

**Correlation Matrix**

Correlation Matrix

| | | 내신등수 | 수능등수 |
|---|---|---|---|
| 내신등수 | Spearman's rho | — | |
| | p-value | — | |
| 수능등수 | Spearman's rho | 0.927*** | — |
| | p-value | < .001 | — |

*Note.* * p < .05, ** p < .01, *** p < .001

### **양류상관계수**(point-biserial correlation coefficient)

양류 상관계수는 독립변수는 명명척도인 이분변수이고 종속변수는 양적변수일 때 적용하는 상관계수로서 일반적으로 $r_{pb}$ 로 표기한다. 예를 들어 성별로 수능 수학점수의 상관을 계산한다면 양류상관계수를 적용할 수 있다. 양류상관계수를 계산하는 공식은 아래와 같다.

$$r_{pb} = \frac{\overline{Y}_H - \overline{Y}_L}{S_Y} \cdot \sqrt{pq}$$

$\overline{Y}_H$ : 종속변수의 평균이 높은 집단의 평균
$\overline{Y}_L$ : 종속변수의 평균이 낮은 집단의 평균
$S_Y$ : 종속변수의 표준편차
$p$ : 한 집단에 소속된 사례 수의 비율
$q$ : 다른 집단에 소속된 사례수의 ㅂ 율

예를 들어, 우열반 소속과 수능성적과의 관계를 양류 상관계수로 계산하기 위해 아래와 같은 가상의 데이터를 아래와 같이 구성할 수 있다.

| 소속 | 수능 성적 |
|---|---|
| 우반 | 370 |
| 열반 | 210 |
| 우반 | 350 |
| 열반 | 230 |
| 우반 | 365 |
| 열반 | 210 |
| 우반 | 330 |
| 열반 | 200 |
| 우반 | 340 |
| 열반 | 170 |

SPSS에서 양류 상관계수는 Pearson의 적률 상관계수 분석 결과와 같게 나타난다. 따라서 우반을 1, 열반을 2로 코딩하여 입력한 후 상관계수를 산출할 수 있다.

| 소속 | 수능성적 |
|---|---|
| 1 | 370 |
| 2 | 210 |
| 1 | 350 |
| 2 | 230 |
| 1 | 365 |
| 2 | 210 |
| 1 | 330 |
| 2 | 200 |
| 1 | 340 |
| 2 | 170 |

메뉴에서 분석 → 상관분석 → 이변량 상관계수를 클릭한다. 이변량 상관계수 대화창이 나타나면 소속과 수능성적을 변수창에 보내고 상관계수 중 Pearson을 클릭하고, 확인을 누른다.

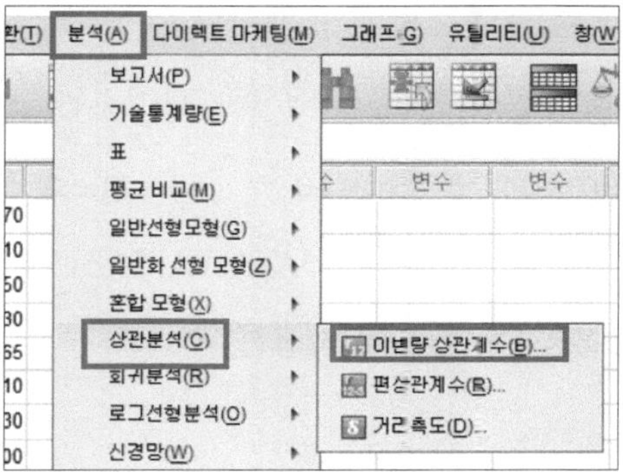


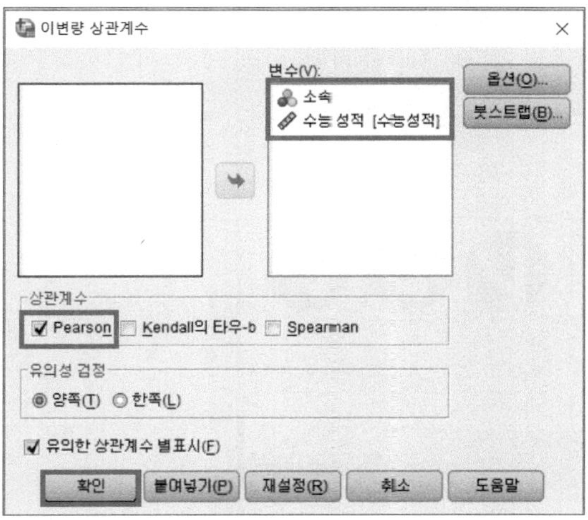


**상관계수**

| | | 소속 | 수능 성적 |
|---|---|---|---|
| 소속 | Pearson 상관계수 | 1 | -.973** |
| | 유의확률 (양쪽) | | .000 |
| | N | 10 | 10 |
| 수능 성적 | Pearson 상관계수 | -.973** | 1 |
| | 유의확률 (양쪽) | .000 | |
| | N | 10 | 10 |

**. 상관계수는 0.01 수준(양쪽)에서 유의합니다.

그러면 -.973이라는 상관계수를 얻는데, 앞의 마이너스 부호는 무시해도 된다. 우등반을 1로 코딩했기 때문에 나타나는 것으로 만약 우등반을 2, 열등반을 1로 코딩했다면 상관계수가 양수로 나타났을 것이다.

jamovi에서 양류상관계수를 구하는 절차는 앞서 제시한 Pearson의 적률상관계수를 산출하는 절차와 동일하다. 먼저 엑셀로 되어있는 데이터를 jamovi에서 불러온다. Import → Browse → Data files → Excel(.xls, .xlxs)을 클릭한다. 데이터를 불러온 후 DATA VARIABLE에서 수능성적의 Measure Type을 Continuous로 지정한다.

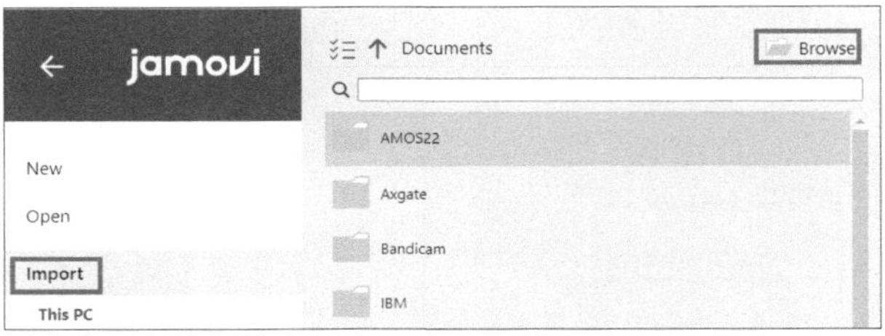


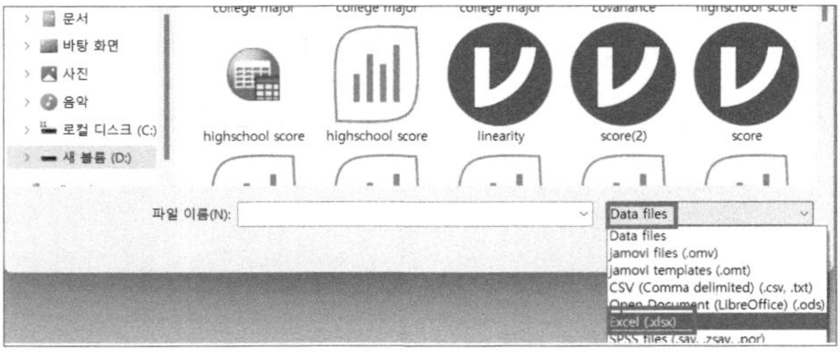


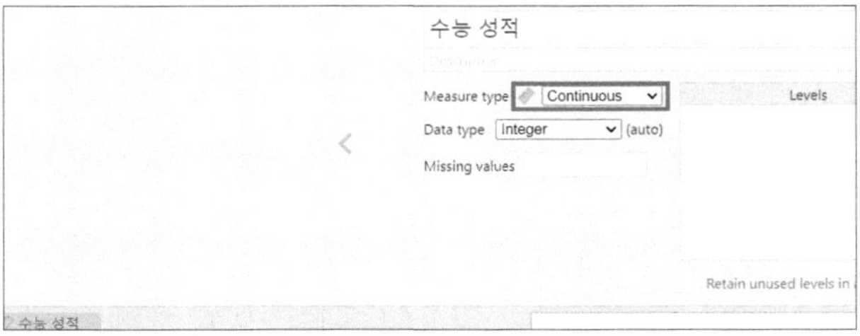

이어 Analyses → Regression → Correlation Matrix를 클릭한다. 그러면 위에 SPSS에서 산출한 값과 같은 양류상관계수 값 -0.973이 나타난다. 여기서도 역시 음의 부호는 무시해도 된다.

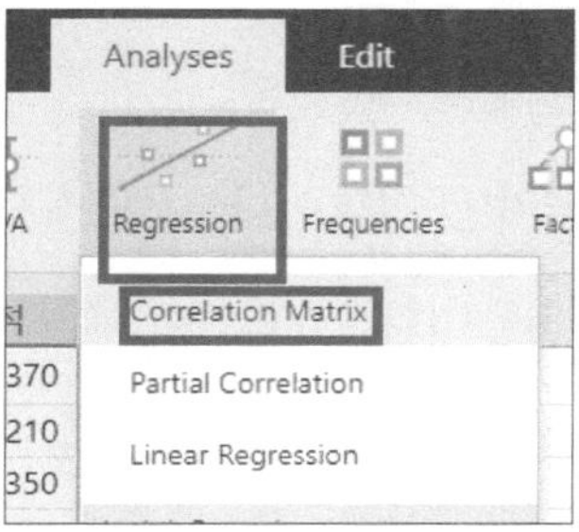


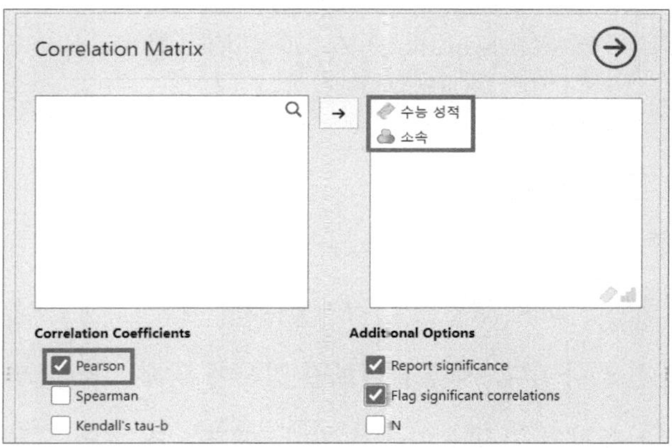


## Correlation Matrix

Correlation Matrix

| | | 수능 성적 | 소속 |
|---|---|---|---|
| 수능 성적 | Pearson's r | — | |
| | p-value | — | |
| 소속 | Pearson's r | −0.973 *** | — |
| | p-value | < .001 | — |

*Note.* * p < .05, ** p < .01, *** p < .001

# 5장 Z분포에 의한 가설검정

## 5.1 가설검정의 기본개념

가설(hypothesis)이란 아직 확인되지는 않았지만 경험이나 선행연구에 근거할 때 그럴 것으로 예상되는 잠정적 진술이다. 사회과학, 특히 행동과학에서는 선행연구에 근거하여 가설을 설정하고, 이를 통계적으로 검증하는 연구방법을 자주 사용한다. 연구에서 주로 사용하는 방법은 영가설(또는 귀무가설, null hypothesis: $H_o$ )과 대립가설(alternative hypothesis: $H_A$ )을 설정한 이후 영가설을 기각할 것인지 여부를 통계적으로 의사결정하는 것이다.

영가설이란 ① 충분한 증거 없이 기각했을 때 매우 심각한 착오를 범하는 진술, ② 선행연구 또는 경험적 근거에 의해서 입증된 진술, ③ 법리적으로 가정된 진술 등이다. 예를 들어보면 검사에 의해 기소된 피고라고 할지라도 무죄추정의 원칙에 따라서 일단 '피고는 죄가 없다'를 영가설로 설정한다. 이후 검사가 유죄를 입증할 충분한 증거를 제시하면 무죄라는 영가설을 기각하고, 유죄라는 대립가설을 채택한다. 다른 예로서 어떤 제약회사에서 새로운 약품을 개발했다고 가정한다면, '신약은 효과가 없다'를 영가설로 설정해야 한다. 왜냐하면 아직 신약이 안전하고, 효과가 있는지 충분하게 입증되지 않았기 때문에 쉽게 인체에 투여할 수 없기 때문이다. 이어서 제약회사에서는 동물실험을 통해 효과성을 확인한 후 자원자를 모집하여 인체 투약함으로써 충분하게 안전성과 효과성을 입증한다면 비로소 '신약은 효과가 없다'는 영가설을 기각하고, 대신 '신약은 안전하고, 질병 치료에 효과가 있다'는 대립가설을 채택하게 된다. 다른 예시로서 이전의 수업방식과 다르게 새로운 인공지능 시스템을 활용한 수업방법을 개발했다고 가정한다면 교사는 일단 '기존과 수업방식과 새로운 수업방식 사이에는 효과성이 차이가 없다'를 영가설로 설정한다. 왜냐하면 아직 이전의 수업방법과 새로운 수업방법의 효과성 간에 의미있는 차이가 있다는 증거가 발견되지 않았기 때문이다.

위와 같이 문장으로 가설을 진술할 경우 서술적 가설이라고 한다.

$H_o$ : 기존의 수업방법과 새로운 수업방법에 차이가 없다.

$H_A$ : 기존의 수업방법과 새로운 수업방법에 차이가 있다.

하지만 기호나 숫자로 가설을 표현할 수도 있는데 이를 통계적 가설이라고 한다. 위의 예에서 '기존의 수업방법과 새로운 수업방법 간에 유의미한 차이가 없다'를 통계적 가설로 표현하면 아래와 같다.

$$H_o : \mu_{기존} = \mu_{새로운}$$
$$H_A : \mu_{기존} \neq \mu_{새로운}$$

## 5.2 제1종 오류, 제2종 오류

가설검정을 할 때 연구자는 두 가지 종류의 오류를 범할 수 있는데, 그 결과가 더 심각한 피해를 초래하는 순서에 따라 제1종 오류(또는 오차), 제2종 오류라고 한다. 제1종 오류(type I error)는 영가설이 진리인데 영가설을 기각하고, 대립가설을 채택함으로써 범하는 오류이다. 반대로 제2종 오류(type II error)는 대립가설이 진리인데 영가설을 채택함으로써 범하는 오류이다. 물론 오류는 0%인 것이 가장 이상적이지만 그 어떤 연구에서도 오류를 완전하게 배제했다고 장담하기는 어렵다. 따라서 제1종 오류를 허용하는 최대확률을 유의수준(significance level)이라고 하고, $\alpha$로 표시하고, 제2종 오류는 $\beta$로 표시한다. 대립가설이 참일 때 대립가설을 기각함으로써 범하는 오류가 $\beta$이기 때문에 1-$\beta$를 검정력(power)라고 한다,

이를 도식화하면 아래와 같이 표현할 수 있다.

| | | 진리 $H_o$ | 진리 $H_A$ |
|---|---|---|---|
| 결정 | $H_o$ | $1-\alpha$ | 제2종 오류 |
| 결정 | $H_A$ | 제1종 오류<br>$\alpha$ | $1-\beta$<br>검정력(power) |

## 5.3 Z분포에 의한 검정의 기본 개념

Z검정은 평균을 0, 표준편차를 1로 하는 정규분포인 표준정규분포에 따르는 가설검정이다. 표준정규분포는 평균인 0을 중심으로 좌우대칭을 이룬다. 표준정규분포를 도식하면 아래와 같다.

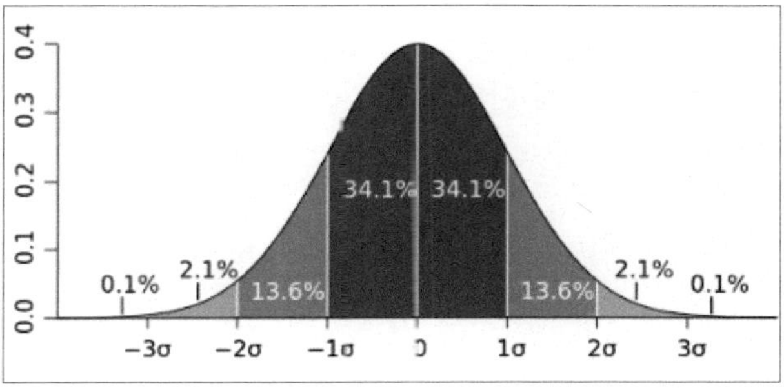


© Ainali -

위 표준정규분포를 나타내는 확률밀도함수의 공식은 아래와 같다.

$$f(x) = \frac{1}{\sigma\sqrt{2\pi}} e^{-\frac{1}{2}(\frac{x-\mu}{\sigma})^2}$$

$\pi$ : 3.14159

$e$ : 자연상수 = 2.71828

확률밀도함수에 따라서 계산하면 평균을 중심으로 $\pm 1\sigma$에 전체 사례수의 68.2%가 분포하고 $\pm 2\sigma$에 전체 사례수의 95.4%가 분포한다. 또한 $\pm 3\sigma$에는 99.8%가 분포한다. Z검정은 이러한 표준정규분포에서 수행하는데, Z검정을 위해서는 아래 기본가정을 충족해야 한다.

a) 종속변수가 등간척도 이상의 양적변수이다.

b) 모분산($\sigma^2$ )을 알고 있다.

c) 정규분포 가정을 충족한다.

d) 등분산성(equal variance) 가정을 충족한다.

## 5.4 단일표본 Z검정

모집단의 분산을 알고 있을 때 단일표본 Z검정(one sample Z test)은 모집단을 대표하는 하나의 표본의 평균이 연구자가 가정한 특정 평균과 같은지 비교하는 통계방법이다. 예를 들어 어느 도시의 고등학생의 학업성취가 경험적 배경에 의해 설정된 기존의 평균값과 같은지를 검정한다고 하자. 지난 10년 동안 A시 교육구에 속한 고등학생들의 평균 성적은 400점이고, 표준편차는 30점이며, 올해 A시 고등학생 100명을 표집하여 시험에 응시한 결과 성적은 380점이 나왔다. 유의수준 .05에서 검정하면 다음과 같다.

$H_0 : \mu = 400$ (A시 고등학생의 평균성적은 400점이다)

$H_A : \mu \neq 400$ (A시 고등학생의 평균성적은 400점이 아니다)

가설검정을 위한 Z검정 통계량을 구하는 공식은 아래와 같고, 유의수준 .05에서 양방검정의 기각값은 ±1.96이다.

$$Z = \frac{\overline{Y} - \mu}{\frac{\sigma}{\sqrt{n}}}$$

공식에 따라서 위 단일표분 Z검정 통계량을 구하면 다음과 같다.

$$Z = \frac{380 - 400}{\frac{30}{\sqrt{100}}} = -6.66$$

Z검정 통계량을 구한 결과 기각값인 −1.96보다 적기 때문에 영가설을 기각하고 귀무가설을 채택한다. 즉, 올해 A시 고등학생의 성적은 400점이 아니다. 만약, 이를 일방검정하면 기각값이 ±1.645가 된다. 따라서 유의수준 .05에서 영가설을 기각한다. 즉, 올해 A시 고등학생의 성적은 유의미하게 400점보다 낮다.

## 5.5 두 독립표본 Z검정

두 독립표본 Z검정은 두 모집단을 대표하도록 추출된 두 개의 독립표본을 비교하여 모집단의 평균에 통계적으로 유의미한 차이가 있는지 여부를 검정하는 통계적 방법이다. 이 경우에는 두 모집단의 분산은 이론적 배경에 의해서 알고 있다는 것을 가정한다.

예를 들어서 A시 고등학생 12,000명 중 100명을, B시 고등학생 23,000명 중 200명을 표집하여 학업성취도 시험을 본 결과 각각 300점, 320점이 나왔다고 한다. 경험적 배경에 따라서 A시 고등학생의 학업성취도 표준편차는 30점, B시 고등학생 학업성취도 표준편차는 20점이라고 할 때 두 도시 고등학생 모집단의 학업성취도에는 유의미한 차이가 있는지 여부를 두 독립표본 Z검정 방법을 적용하여 유의수준 .05에서 검정할 수 있다.

$H_0 : \mu_1 = \mu_2$ (A시와 B시 고등학생의 성적 평균에 차이가 없다)

$H_A : \mu_1 \neq \mu_2$ (A시와 B시 고등학생의 성적 평균에 차이가 있다)

두 독립표본 Z검정 통계량을 구하는 공식은 아래와 같다.

$$Z = \frac{\overline{Y_1} - \overline{Y_2}}{\sqrt{\frac{\sigma_1^2}{n_1} + \frac{\sigma_2^2}{n_2}}} = \frac{300 - 320}{\sqrt{\frac{900}{100} + \frac{400}{200}}} = -6.04$$

산출된 Z검정 통계량이 유의수준 .05에서 양방검정의 기각값인 −1.96보다 작기 때문에 영가설을 기각하고 대립가설을 채택한다. 즉, A시와 B시 고등학생의 학업성취도 평균은 통계적으로 유의미하게 차이가 있다.

이상에서 살펴본 Z검정은 실제로는 사용하는 경우가 많지 않은데 왜냐하면 모분산을 아는 경우가 많지 않기 때문이다. 그러나 Z검정은 앞으로 살펴볼 t검정과 분산분석의 기초가 되기 때문에 알고 있어야 한다.

# 6장 t분포에 의한 검정

## 6.1. t검정의 기본개념

t검정은 모분산(population variance)이나 모표준편차(population standard deviation)를 알지 못할 때 추출된 표본의 평균을 비교하는 검정방법이다. 이때 $\sigma^2$ 과 $\sigma$ 대신 표본 분산(sample variance)와 표본 표준편차(sample standard deviation)를 사용하여 평균차이를 검정한다.

모분산과 모표준편차를 알지 못하므로 표본의 표준편차를 사용하는데, 표본의 크기에 따라서 표본의 표준편차가 변화한다. t분포에서는 표준오차(standard error)를 구하는 공식은 $\frac{s_Y}{\sqrt{n}}$ 을 사용한다. 따라서 t 분포는 자유도(n-1)에 따라서 형태가 달라지는 정규분포가 되고, 평균이 0이고 좌우대칭이다. 자유도가 증가할수록 Z 분포와 유사해진다.

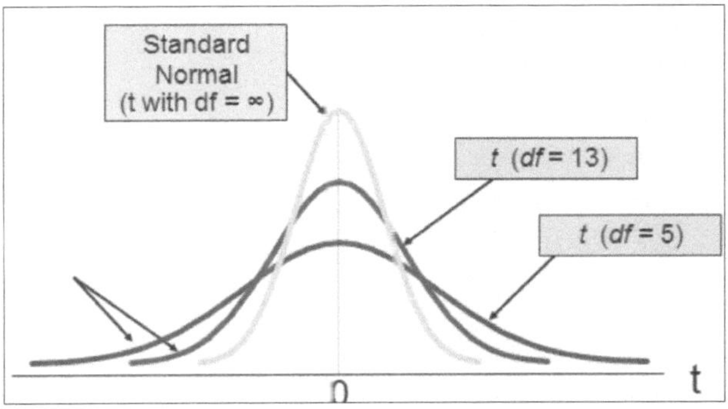

## 6.2. t검정의 기본 가정

t검정을 적용하기 위해서는 몇 가지 가정을 충족해야 한다. 기본적으로 t검정은 모집단의 분산과 표준편차를 알지 못하는 경우에 사용한다. 여기에 기본가정은 다음과 같다.

1) 종속변수가 등간척도 이상의 연속변수여야 한다.
2) 모집단의 분산과 표준편차를 알지 못한다.
3) 모집단의 분포가 정규분포여야 한다.
4) 등분산성 가정이 충족되어야 한다.

이러한 기본가정들이 모두 충족되었을 때는 student t검정(단일표본 t, 두 독립표본 t, 두 종속표본 t검정 등)을 적용할 수 있지만, 가정들을 충족하지 못할 경우에는 student t검정 대신에 Welch-Aspin 검정을 사용한다.

## 6.3. 단일표본 t검정

단일표본 t검정(one sample t)은 모집단의 분산과 표준편차를 알지 못하는 상황에서 모집단으로부터 추출한 표본이 선행연구의 배경에 의해 설정된 평균과 비교하는 방법이다. 예를 들어서 A도시의 고등학생들에게 영어교육을 시행한 이후 작년도 평균성적보다 실력이 향상되었는지를 검정하려고 한다던 단일표본 t검정을 사용할 수 있다. 연구자는 A도시를 대표하는 400명의 학생을 추출한 후 작년까지의 평균성적인 300점과 같은지 검정하려고 한다. 표본의 평균은 302점, 표본표준편차는 10점이었다. 이러한 연구가설을 검정하는 절차는 다음과 같다.

$$H_0 : \mu = 300$$
$$H_A : \mu \neq 300$$

검정을 위한 표준오차($\sigma_{\overline{Y}}$)를 계산하면 아래와 같다.

$$\sigma_{\overline{Y}} = \frac{s_Y}{\sqrt{n}} = \frac{10}{\sqrt{400}} = 0.5$$

표준오차를 사용하여 t검정 통계량을 계산하면 아래와 같다.

$$t = \frac{\overline{Y} - \mu}{\sigma_{\overline{Y}}} = \frac{302 - 300}{0.5} = 4.00$$

자유도(n-1)는 399이고 유의수준 .05에서 양방검정 기각값은 1.96이다. 위에서 t검정 통계량은 4.00으로 1.96보다 크기 때문에 영가설을 기각한다. 즉, 올해 A도시 고등학생의 성적은 300점과 차이가 있다.

먼저 SPSS에서 단일표본 t검정을 시행하는 절차는 아래와 같다. 먼저 엑셀에 입력되어 있는 데이터를 불러온다. SPSS → 파일 → 열기 → 데이터를 클릭한다.

데이터가 열리면 분석 → 평균비교 → 일표본 T검정을 클릭한다. 이어서 대화창이 나타나면 성적을 검정변수로 보내고, 검정값에 작년까지의 평균점수인 300점을 입력한다.

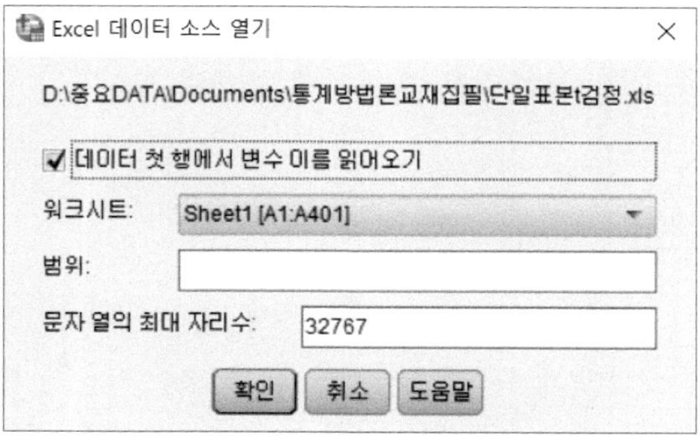

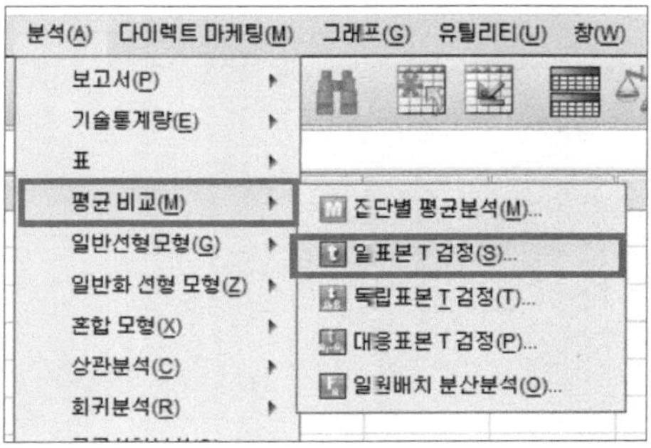


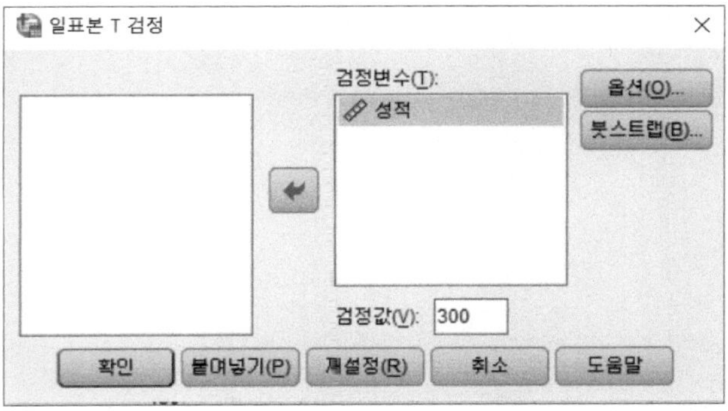


이러한 단일표본 t검증을 jamovi에서 실행하는 절차는 아래와 같다. 먼저 jamovi를 실행하여 데이터를 입력하거나 기존에 있는 데이터를 불러온다. 여기서는 기존에 있던 엑셀 데이터를 불러온다. jamovi 실행 → Import → Browse → 해당 파일(.omv)을 클릭하고 → 열기 클릭

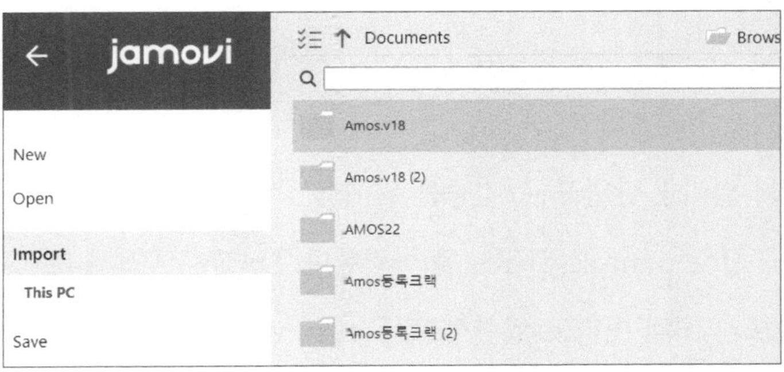

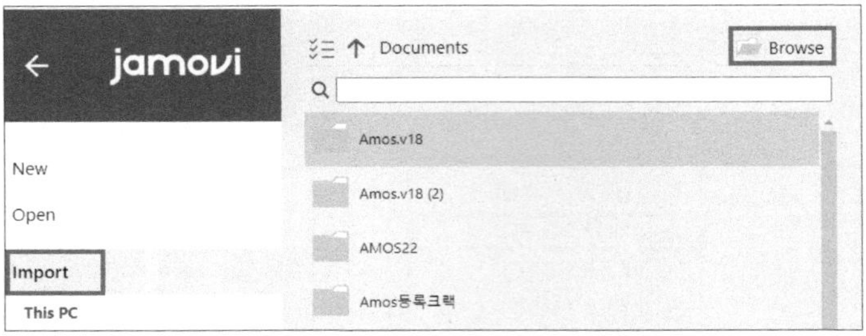


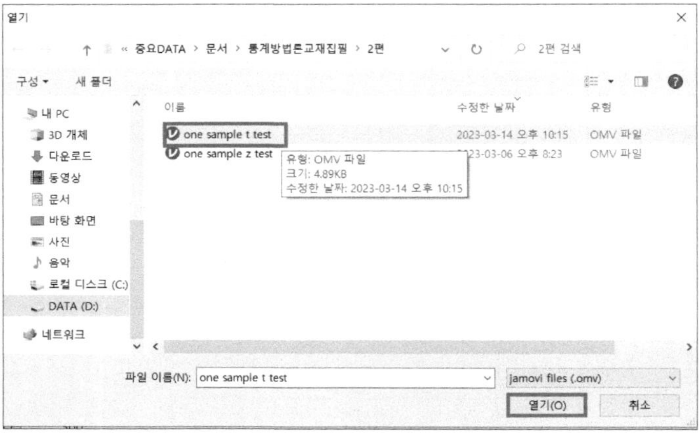


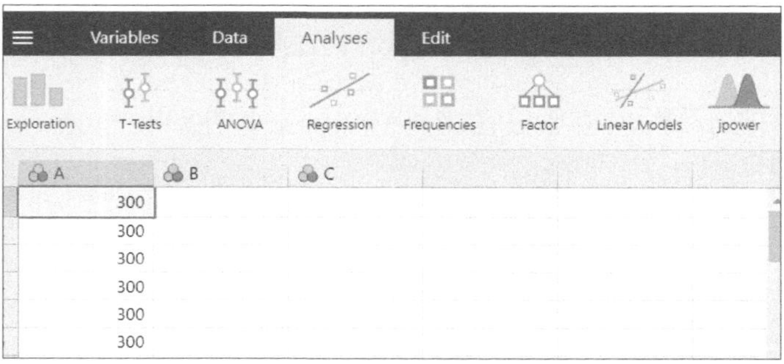


데이터가 열리면 단일표본 t검증을 위해서 상단 메뉴 중 Analysis → T-Tests → One-sample T-Test를 클릭한다. DATA VARIABLE을 클릭하여 'A도시 성적'이라고 입력하고, Measure Type은 Continuous를 클릭한다.

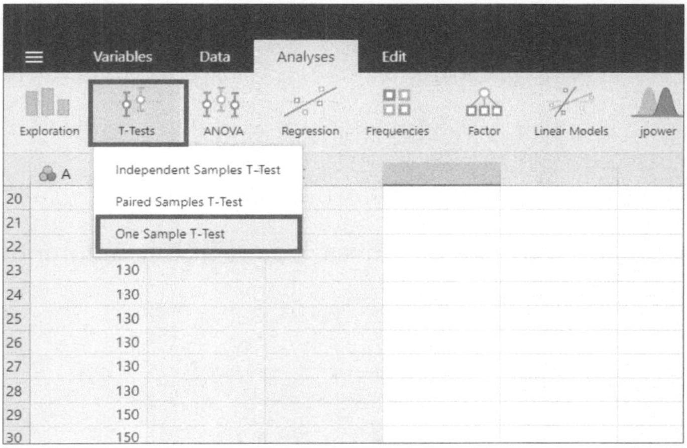
Variables
Data
Analyses
Edit
Exploration
T-Tests
ANOVA
Regression
Frequencies
Factor
Linear Models
jpower
A
Independent Samples T-Test
Paired Samples T-Test
One Sample T-Test
20
21
22
23 130
24 130
25 130
26 130
27 130
28 130
29 150
30 150

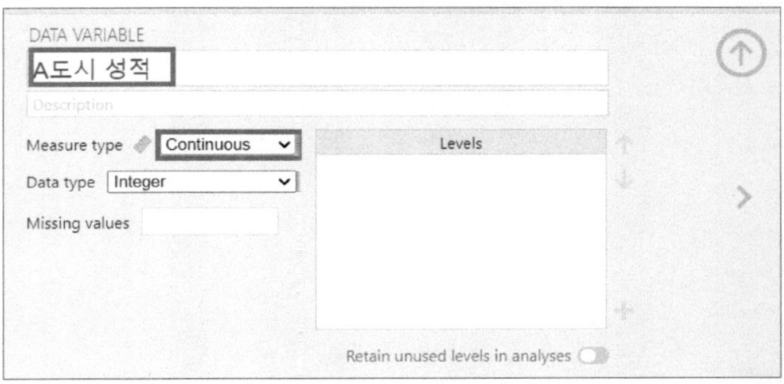
DATA VARIABLE
A도시 성적
Description
Measure type
Continuous
Data type
Integer
Missing values
Levels
Retain unused levels in analyses

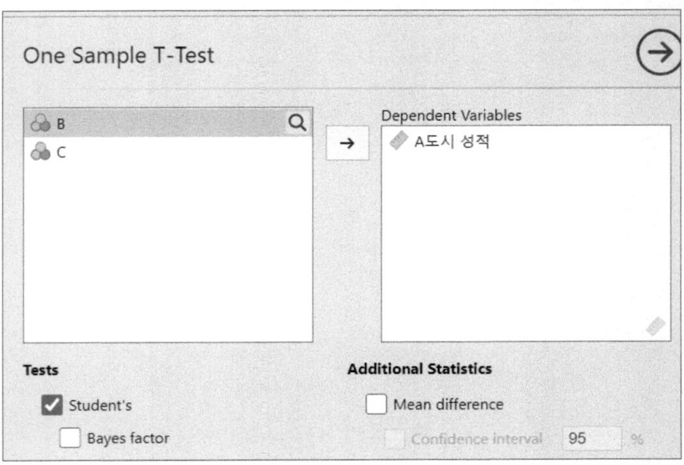
One Sample T-Test
B
C
Dependent Variables
A도시 성적
Tests
Student's
Bayes factor
Additional Statistics
Mean difference
Confidence interval
95
%

A도시 성적을 Dependent Variables에 보내고, Tests에 Student's 를 클릭한다. 나머지 Option은 아래와 같다. Hypothesis의 Test Value는 앞서 비교하려고 한 작년 평균성적 300점을 입력한다. 귀무가설(≠)이 양방검정이고, Additional Statistics에는 Mean Difference, Effect Size, Descriptives 등을 클릭한다. Assumption Checks는 Normality test를 클릭한다.

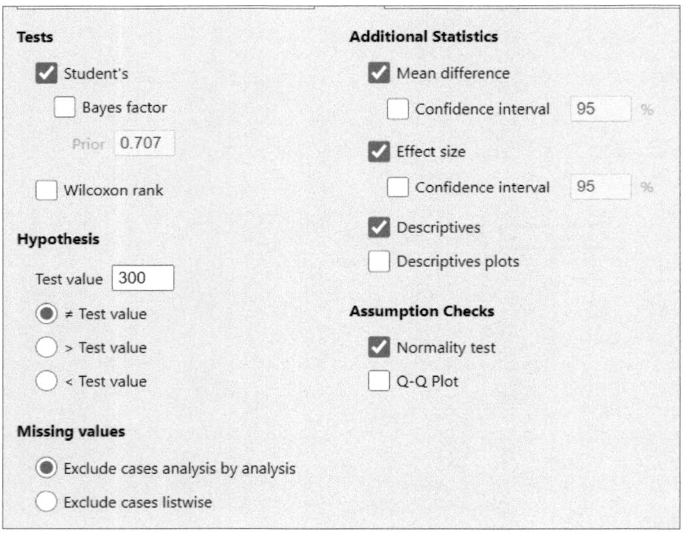

## 6.4. 두 종속표본(대응표본) 평균차이 t검정

두 종속표본 평균차이 t검정(two dependent samples t-test)은 대응표본 t검정(matched samples t-test), 짝진 표본 t검정(paired samples t-test) 등으로 불린다. 두 모집단으로부터 표본을 추출한 후 평균 차이를 검정하는 방법이다. 그런데 두 표본은 독립적이지 않고 서로 상관이 있을 때 이 검정방법을 사용한다. 아래 해당하는 예를 제시한다.

첫째, 한 집단의 학생에게 사전검사를 실시하고, 새로운 교수법으로 수업을 진행한 후 사후검사를 실시하여 두 평균점수를 비교한다면 두 표본은 서로 관계가 있기 때문에 두 종속표본 t검정을 사용해야 한다.

둘째, 부부를 표집하여 프로그램을 시행한 후 효과성을 알아보기 위해 평균비교를 한다면 이경우에도 남편과 아내는 서로 독립적이지 않기 때문에 두 짝진 표본 t검정을 사용해야 한다.

두 종속표본 t검정은 서로 짝이 되는 표본의 평균차이 검정의 영가설은 사전검사와 사후검사의 평균차이 또는 남편과 아내의 평균차이가 모집단에서 0이 되는지 여부를 검정하는 것이므로 다음과 같이 진술할 수 있다.

$$H_o : \mu_d = 0$$
$$H_A : \mu_d \neq 0$$

$d$: 평균차이(사후−사전)

두 종속표본 t검정을 위한 표준오차는 아래와 같이 계산할 수 있다.

$$\sigma_{\bar{d}} = \frac{s_d}{\sqrt{n}}$$

두 종속표본 t검정을 위한 t 통계량을 구하는 공식은 아래와 같다.

$$t = \frac{\bar{d}}{\sigma_{\bar{d}}} = \frac{\bar{d}}{\frac{s_d}{\sqrt{n}}}$$ (즉, 평균차이의 평균을 추정의 표준오차로 나누어준 값)

두 종속표본 t검정의 자유도를 계산할 때 원칙상 두 표본의 총 사례수는 $2n$이지만 여기서는 각 짝이 되는 사례의 차이값 분산을 계산하는 것이므로 자유도는 $n-1$이 된다. jamovi에서 두 종속표본 t검정을 수행하는 방법은 아래와 같다. 예를 들어서 15명으로 구성된 학급을 대상으로 전통적 교수법과 새로운 교수법으로 수업을 한 후 평균차이를 검정할 때 종속표본 t검정을 사용한다.

| 학생 | 전통적 교수법 | 새로운 교수법 |
|---|---|---|
| 1 | 5 | 7 |
| 2 | 6 | 8 |
| 3 | 5 | 7 |
| 4 | 4 | 7 |
| 5 | 3 | 5 |
| 6 | 4 | 6 |
| 7 | 5 | 7 |
| 8 | 6 | 8 |
| 9 | 3 | 9 |
| 10 | 5 | 8 |
| 11 | 6 | 7 |
| 12 | 4 | 6 |
| 13 | 7 | 6 |
| 14 | 8 | 7 |
| 15 | 9 | 8 |

위 연구문제를 해결하기 위해 두 짝진 표본 t검정을 적용하는데 먼저 SPSS를 사용하는 방법을 보여준다. 먼저 위 데이터를 엑셀로 저장한다. 이어서 파일 → 열기 → 데이터 → 데이터 열기를 실행한다.

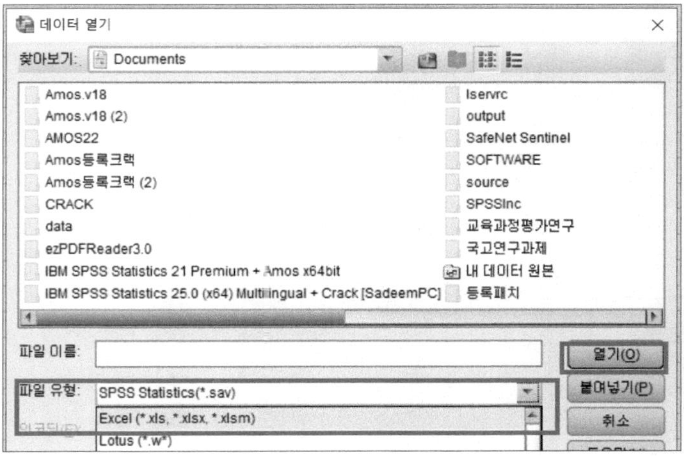


데이터가 열리면 분석 → 평균비교 → 대응표본 T검정을 클릭한다. 대화창이 열리면 전통적 교수법과 새로운 교수법 변수를 함께 클릭한 후 오른쪽 검정변수 창으로 보낸다. 그리고 확인을 클릭한다.

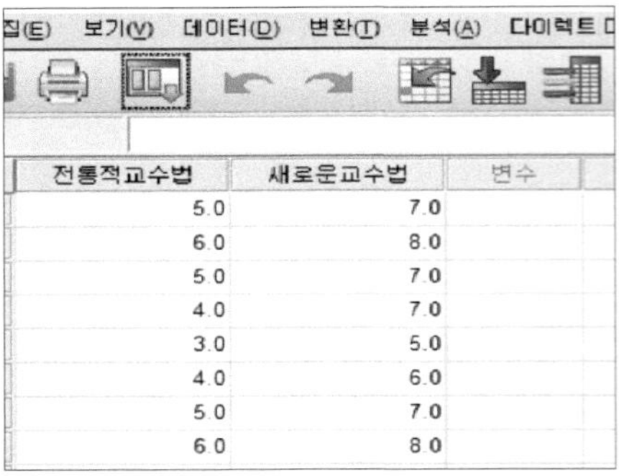

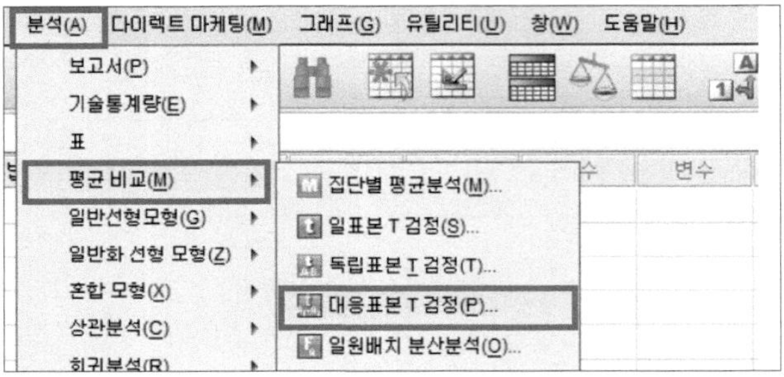

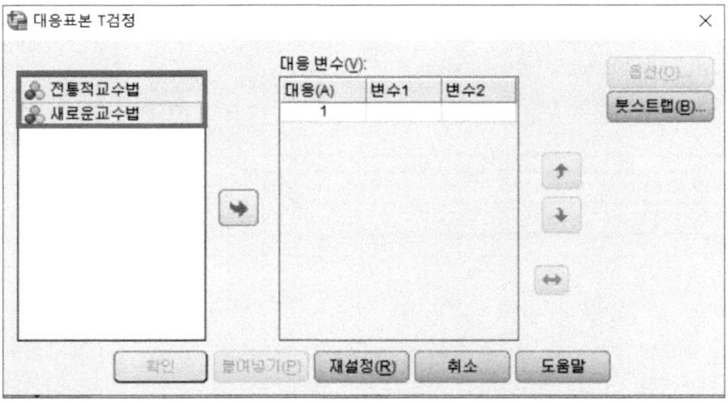

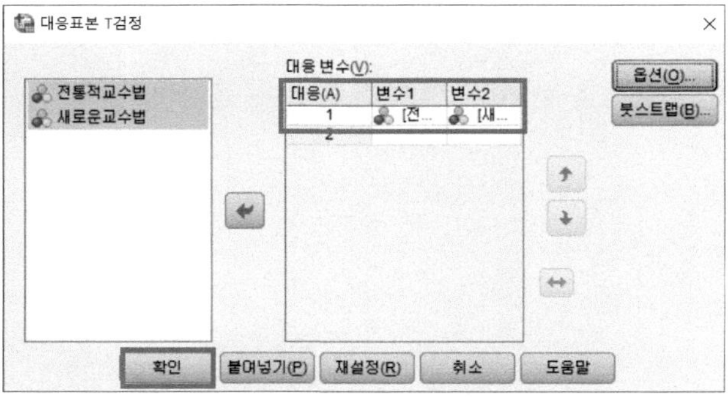

그러면 아래와 같은 결과 값이 보여진다.

**대응표본 통계량**

| | | 평균 | N | 표준편차 | 평균의 표준오차 |
|---|---|---|---|---|---|
| 대응 1 | 전통적교수법 | 5.333 | 15 | 1.7182 | .4437 |
| | 새로운교수법 | 7.067 | 15 | 1.0328 | .2667 |

**대응표본 상관계수**

| | | N | 상관계수 | 유의확률 |
|---|---|---|---|---|
| 대응 1 | 전통적교수법 & 새로운교수법 | 15 | .228 | .414 |

**대응표본 검정**

| | | 대응차 | | | | | t | 자유도 | 유의확률 (양쪽) |
|---|---|---|---|---|---|---|---|---|---|
| | | 평균 | 표준편차 | 평균의 표준오차 | 차이의 95% 신뢰구간 | | | | |
| | | | | | 하한 | 상한 | | | |
| 대응 1 | 전통적교수법 - 새로운교수법 | -1.7333 | 1.7915 | .4626 | -2.7254 | -.7412 | -3.747 | 14 | .002 |

결과를 살펴보면 전통적 교수법의 평균(*M*)은 5.33점이고 새로운 교수법의 평균은 7.06점이다. 짝진 표본의 검정 t값은 -.3.74였고 이는 유의수준 .01수준에서 통계적으로 유의미한 것으로 나타났다.

이제 동일한 연구문제와 데이터를 가지고 jamovi에서 종속표본 t검정을 수행하는 방법을 소개한다. 먼저 엑셀 데이터를 불러온다. 이를 위해서는 jamovi → open → browse를 클릭한다. 그리고 data files 하위 유형 중 엑셀을 클릭한다.

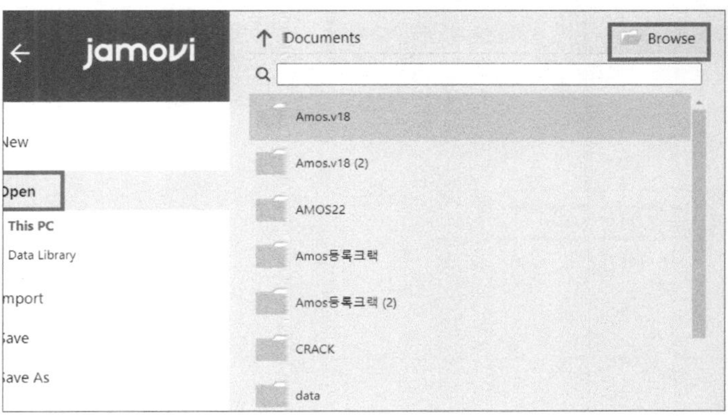

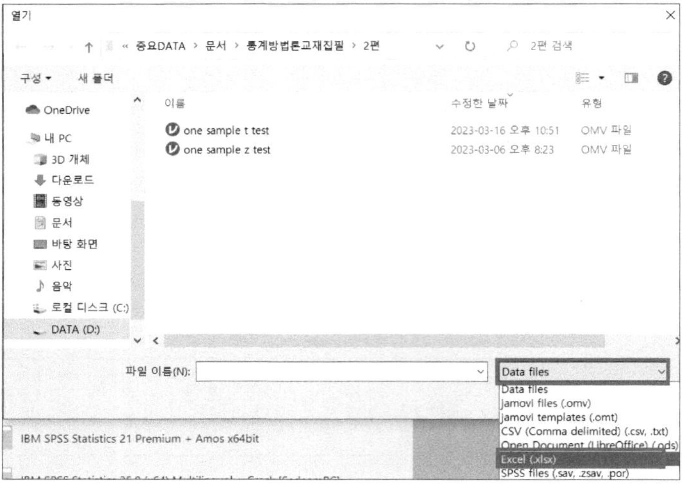


데이터가 열리면 Analysis → T-tests → Paired Samples T-test를 클릭한다.

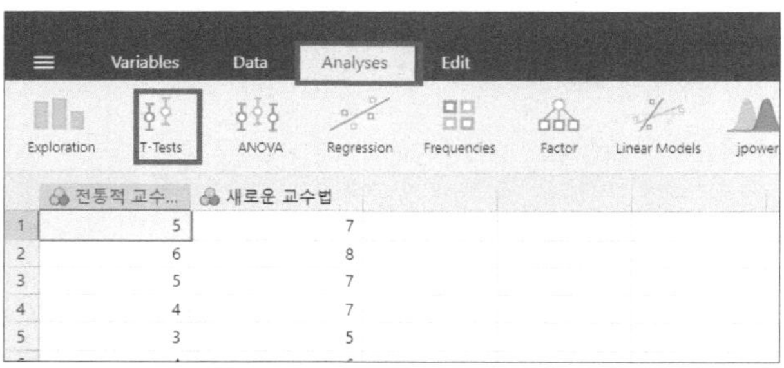


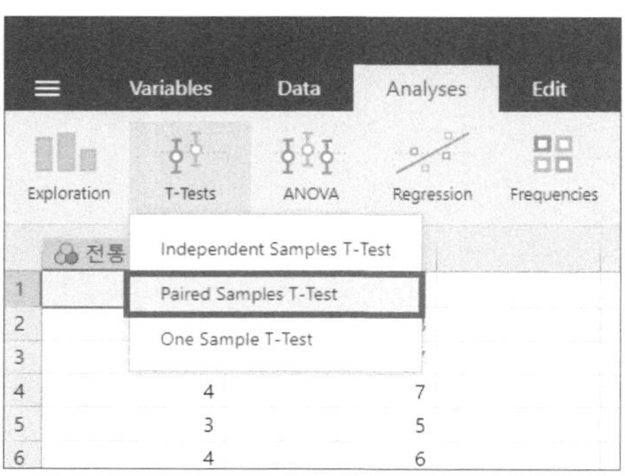

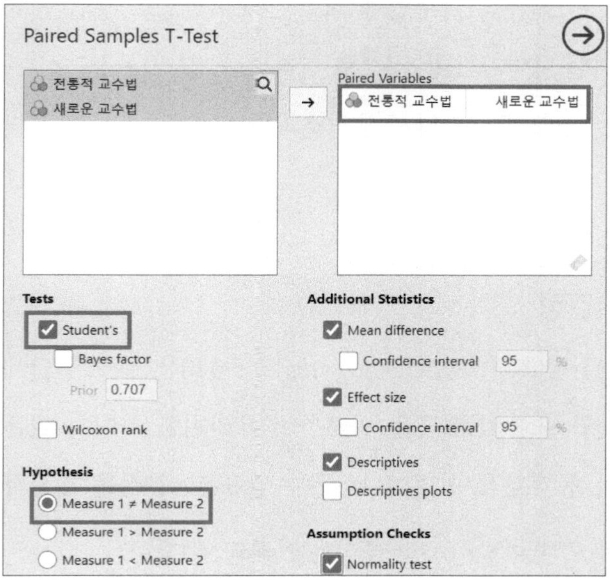


전통적 교수법 수업 후의 성적과 새로운 교수법 수업 후의 성적을 왼쪽 Paired Variables에 보내고, Tests에는 Student's, Hypothesis는 Measure 1 ≠ Measure 2를 선택한다. 이렇게 Options 선택을 마치고 오른쪽 결과창을 검토한다.

**Paired Samples T-Test**

Paired Samples T-Test

| | | | statistic | df | p | Mean difference | SE difference | | Effect Size |
|---|---|---|---|---|---|---|---|---|---|
| 전통적 교수법 | 새로운 교수법 | Student's t | -3.75 | 14.0 | 0.002 | -1.73 | 0.463 | Cohen's d | -0.968 |

Normality Test (Shapiro-Wilk)

| | | | W | p |
|---|---|---|---|---|
| 전통적 교수법 | - | 새로운 교수법 | 0.831 | 0.010 |

*Note.* A low p-value suggests a violation of the assumption of normality

Descriptives

| | N | Mean | Median | SD | SE |
|---|---|---|---|---|---|
| 전통적 교수법 | 15 | 5.33 | 5 | 1.72 | 0.444 |
| 새로운 교수법 | 15 | 7.07 | 7 | 1.03 | 0.267 |

결과를 살펴보면 전통적 교수법과 새로운 교수법으로 수업을 했을 때 성적에 유의미한 차이가 있는 것으로 나타났다. 그러나 정규성 가정이 만족되지 않는 것으로 나타나서 분석결과를 해석할 때 신중할 필요가 있다.

## 6.5. 두 독립표본 t검정

두 독립표본 t검정(two independent samples t-test)은 두 모집단에서 독립적으로 추출한 표본의 평균을 비교하여 유의미한 차이가 있는지 여부를 규명하는 통계분석 방법이다. 두 독립표본 t검정을 계산하기 위한 추정의 표준오차($\sigma_{(\overline{Y_1}-\overline{Y_2})}$)의 공식은 아래와 같다.

$$\sigma_{(\overline{Y_1}-\overline{Y_2})} = \sqrt{\frac{\sigma_1^2}{n_1}+\frac{\sigma_2^2}{n_2}}$$

예를 들어서, A도시와 B도시의 고등학생들 사이에 학업성취에 유의미한 차이가 있는지를 규명하기 위해서 두 도시에서 20명씩을 무선표집했다고 하자. 아래와 같이 표로 정리할 수 있다.

| 번호 | A도시 | B도시 |
|---|---|---|
| 1 | 310 | 199 |
| 2 | 290 | 201 |
| 3 | 288 | 212 |
| 4 | 309 | 260 |
| 5 | 310 | 280 |
| 6 | 250 | 299 |
| 7 | 300 | 301 |
| 8 | 220 | 290 |

| 번호 | A도시 | B도시 |
|---|---|---|
| 9 | 310 | 279 |
| 10 | 302 | 270 |
| 11 | 280 | 266 |
| 12 | 268 | 251 |
| 13 | 290 | 249 |
| 14 | 250 | 240 |
| 15 | 241 | 237 |
| 16 | 299 | 229 |
| 17 | 301 | 230 |
| 18 | 280 | 280 |
| 19 | 260 | 220 |
| 20 | 220 | 219 |

위 자료가 엑셀데이터를 저장되어 있을 때 먼저 SPSS에서 독립표본 t-test를 하는 것을 소개한다.

SPSS를 실행한 후 파일 → 열기 → 데이터를 클릭 후, 원하는 파일의 형식(.xls, .xlxs)을 지정한 후 파일을 선택하고, 열기를 실행한다. Excel데이터 소스 열기 창이 보이면 확인을 클릭한다.

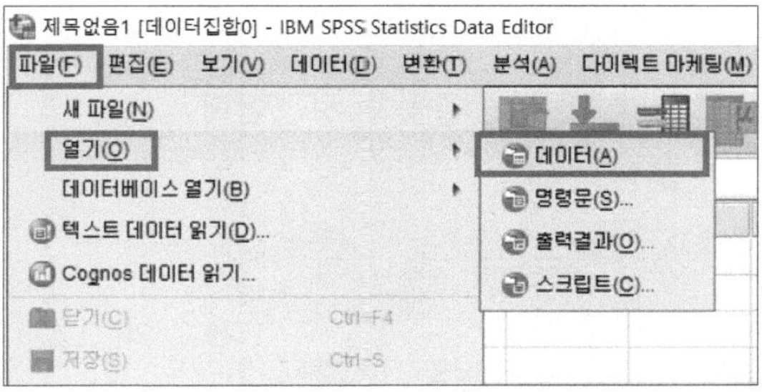

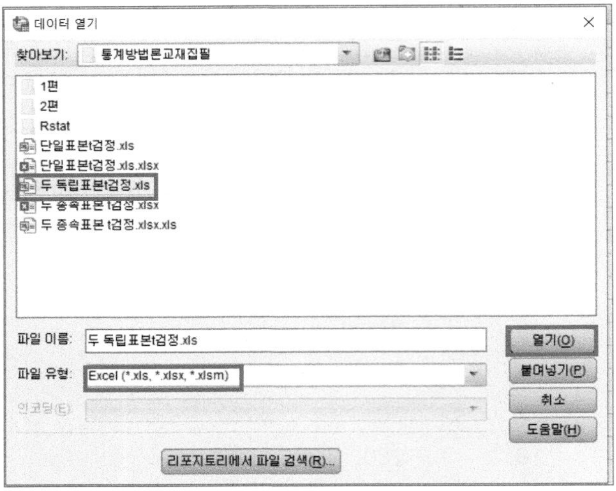


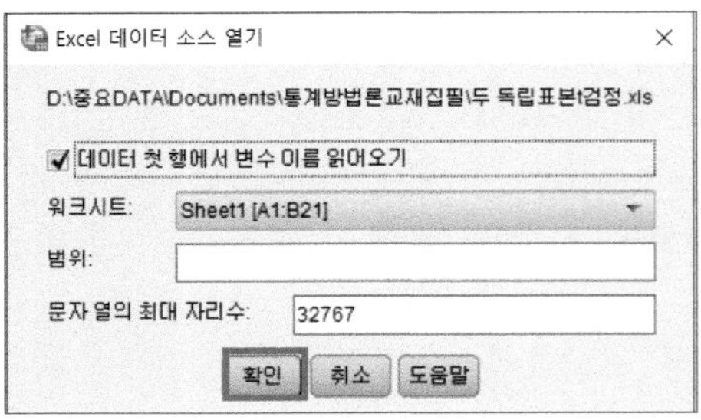


SPSS에서 데이터가 열리면 저장 후 분석 → 평균비교 → 독립표본 T검정을 클릭한다. 데이터 구조는 성적을 하나의 칼럼에, 도시구분을 다음 칼럼에 저장한다. SPSS창의 아래쪽에 '변수보기' 탭을 누른 후 측도에서 성적변수는 척도로, 도시변수는 명목을 지정한다.

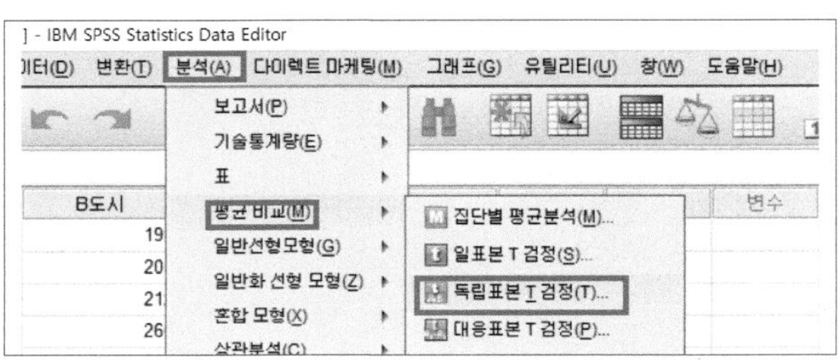

독립표본t검정 분석창이 열리면 검정변수에는 성적을 보내고, 집단변수에는 도시를 보낸 후 집단정의를 클릭한다. 현재 집단변수는 A도시는 1, B도시는 2로 코딩되어 있으므로 1과 2로 정의한다.

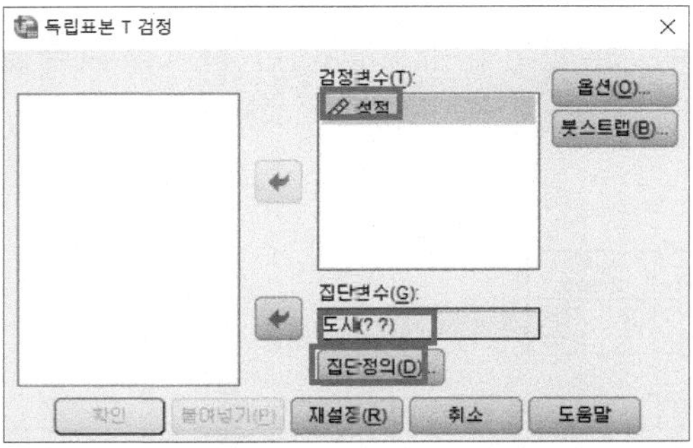

계속을 클릭한 후, 확인을 누른다.

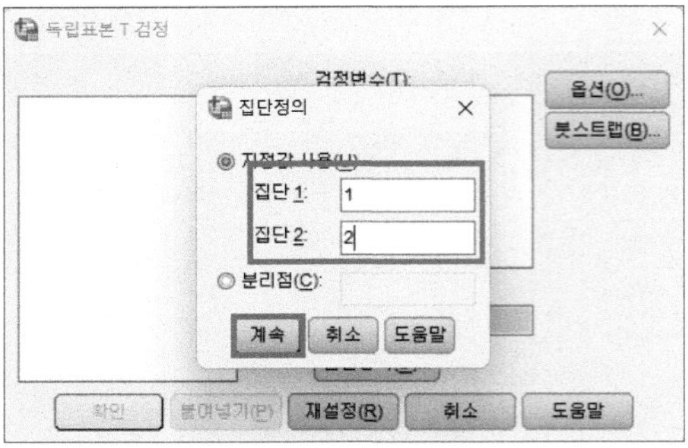


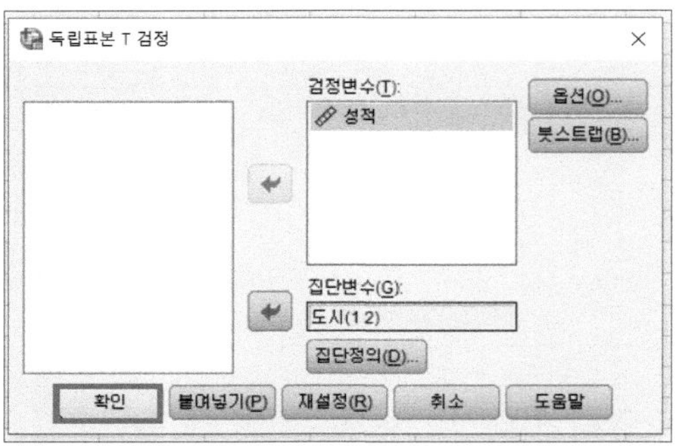


결과를 살펴보면 A도시의 평균은 278.90, B도시는 250.96이고, t 검정을 위한 Leven의 등분산성 검정결과 등분산이 가정되었다($F$=.284, $p$>.05). 따라서 모수적 통계치를 살펴볼 때 유의미한 차이가 나타났다($t$=2.91, $df$=38, $p$<.05).

**집단통계량**

| | B도시 | N | 평균 | 표준편차 | 평균의 표준오차 |
|---|---|---|---|---|---|
| 성적 | 1 | 20 | 278.90 | 29.497 | 6.596 |
| | 2 | 20 | 250.60 | 31.963 | 7.147 |

**독립표본 검정**

| | | Levene의 등분산 검정 | | 평균의 동일성에 대한 t-검정 | | | | | | |
|---|---|---|---|---|---|---|---|---|---|---|
| | | | | | | | | | 차이의 95% 신뢰구간 | |
| | | F | 유의확률 | t | 자유도 | 유의확률 (양쪽) | 평균차 | 차이의 표준오차 | 하한 | 상한 |
| 성적 | 등분산이 가정됨 | .284 | .597 | 2.910 | 38 | .006 | 28.300 | 9.726 | 8.612 | 47.988 |
| | 등분산이 가정되지 않음 | | | 2.910 | 37.758 | .006 | 28.300 | 9.726 | 8.608 | 47.992 |

이어서 jamovi에서 두 독립표본 t검정을 실행하는 법을 아래에 제시한다. 먼저 jamovi를 실행하고, 저장된 엑셀 데이터를 불러온다. Open → Browse를 클릭하고, 데이터 형식을 엑셀로 지정하여 데이터를 불러온다.

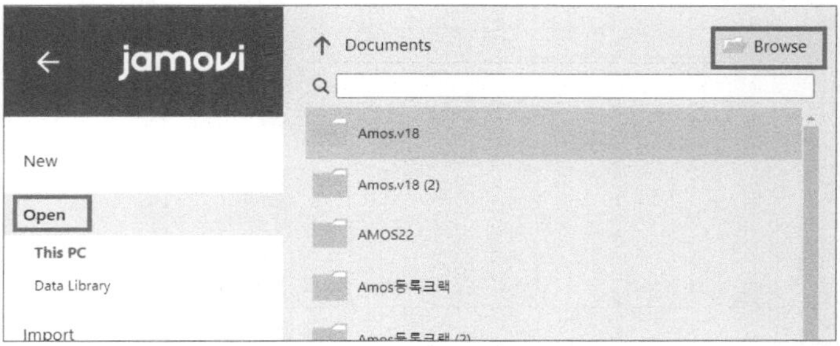


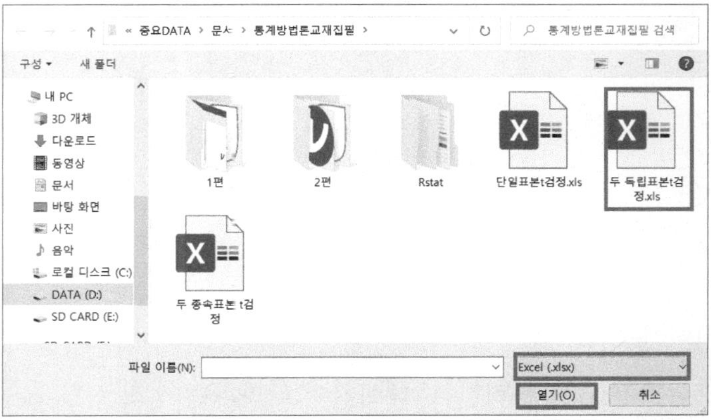


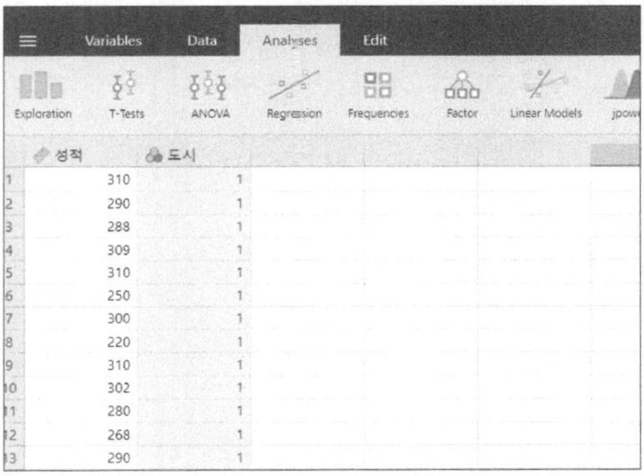

데이터가 열리면 데이터셀을 더블클릭하여 DATA VARIABLE 대화창을 열고, 변수 이름과 형식을 지정한다. 성적은 continuous로 Measure Type을 지정하고, 도시는 nominal로 지정한 후 Levels는 1, 2로 지정한다(왜냐하면 도시를 구분하는 변수를 1, 2로 코딩했기 때문에).

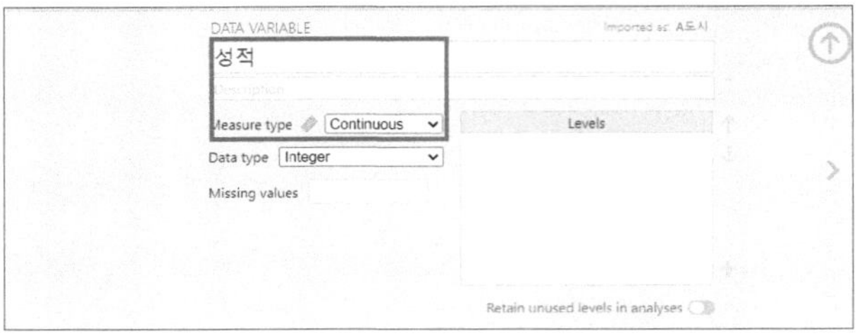


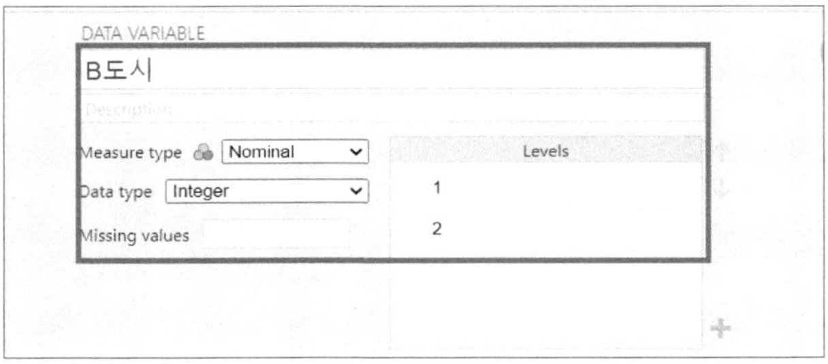


데이터 분석을 위해서는 Analysis → T-Tests → Independent Samples T-Test를 클릭한다. 대화창이 나타나면 성적을 Dependent Variables로 보내고, 도시를 Grouping Variables로 보낸다. 아래 선택항목에서 필요한 항목을 클릭한다. 특히 T검정을 위한 가정 점검을 위해 등분산성 검정(Homogeneity test)와 정규성 검정(normality test)을 클릭하여 가정이 충족되는지 확인한다.

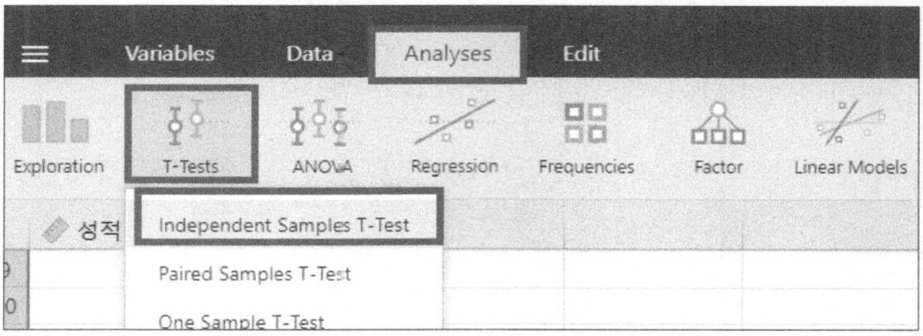


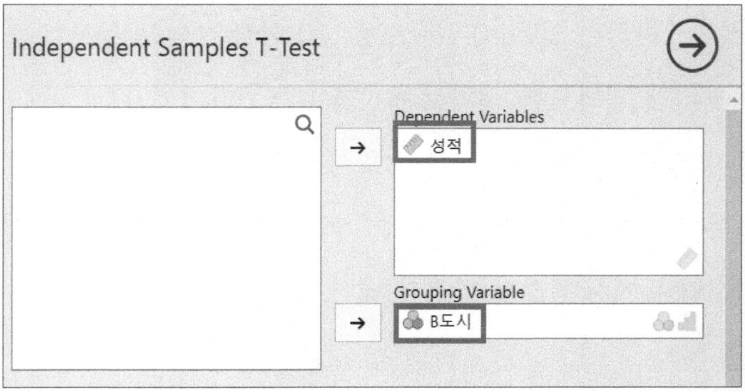


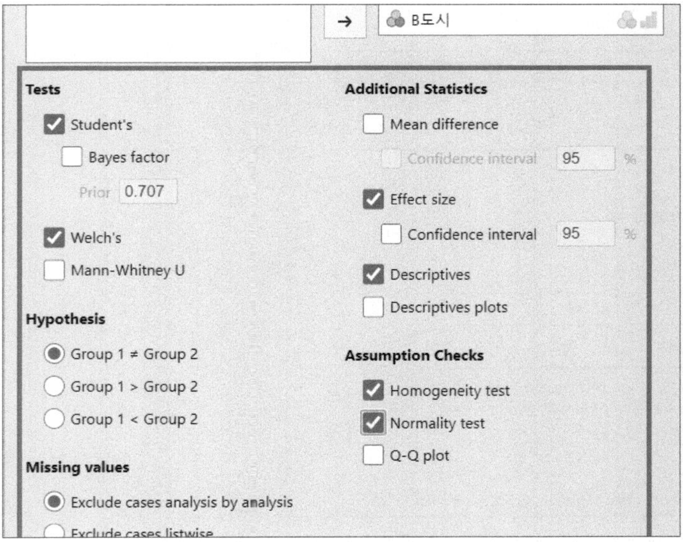


이렇게 수행한 두 독립표본 t검정 결과값은 아래와 같다. 먼저 t검정의 기본가정인 등분산성이 만족되고($F_{(1, 38)}$=0.284, $p$>.05), 정규성 가정도

만족되는 것으로 나타났다($W$=0.952, $p$>.05). 따라서 student't 값을 사용할 수 있는데, A도시와 B도시 고등학생의 성적에는 통계적으로 유의미한 차이가 있는 것으로 나타났다($t$=2.91, $p$<.01). 이러한 차이가 실제적으로 얼마나 효과가 있는지를 나타내주는 지수를 효과크기(effect size)라고 하는데, jamovi에서 Cohen's d 값을 제시해준다. Cohen's d값은 통상 0.2이하는 낮음, 0.5는 보통, 0.8이상은 높음 등으로 해석할 수 있다. 아래 결과표를 살펴보면 Cohen's d값이 0.92로 매우 높다는 것을 알 수 있다. 즉, A도시와 B도시 고등학생의 성적 차이는 통계적으로 유의미할 뿐만 아니라 실제적으로 유의미한 차이가 있어서 교육정책 수립 등에서 참고할 필요가 있다.

## Independent Samples T-Test

Independent Samples T-Test

| | | Statistic | df | p | | Effect Size |
|---|---|---|---|---|---|---|
| 성적 | Student's t | 2.91 | 38.0 | 0.006 | Cohen's d | 0.920 |
| | Welch's t | 2.91 | 37.8 | 0.006 | Cohen's d | 0.920 |

### Assumptions

Normality Test (Shapiro-Wilk)

| | W | p |
|---|---|---|
| 성적 | 0.952 | 0.092 |

*Note.* A low p-value suggests a violation of the assumption of normality

Homogeneity of Variances Test (Levene's)

| | F | df | df2 | p |
|---|---|---|---|---|
| 성적 | 0.284 | 1 | 38 | 0.597 |

*Note.* A low p-value suggests a violation of the assumption of equal variances

## 6.6. 비모수 t검정

t검정의 기본가정인 정규분포성(normality), 등분산성(homogeneity)이 충족되지 못하면 비모수적 통계방법을 사용해야 한다. 예를 들어, A도시와 B도시의 고등학생 20명씩을 표집하여 성적을 확인하여 아래 표와 같다고 가정하자.

| A도시 | B도시 |
|---|---|
| 390 | 203 |
| 370 | 261 |
| 100 | 310 |
| 91 | 200 |
| 61 | 150 |
| 90 | 160 |
| 360 | 172 |
| 300 | 230 |
| 120 | 250 |
| 150 | 300 |
| 350 | 270 |
| 100 | 150 |
| 90 | 190 |
| 320 | 230 |
| 100 | 289 |
| 91 | 300 |
| 101 | 308 |
| 350 | 260 |
| 130 | 245 |

SPSS에서 일단 두 독립표본 t검정을 적용하기 위해서 엑셀에 저장된 파일을 불러온다.

파일 → 열기 → 데이터 → 데이터 속성에 엑셀을 클릭한다. 그리고 데이터가 입력된 엑셀파일을 불러온다.

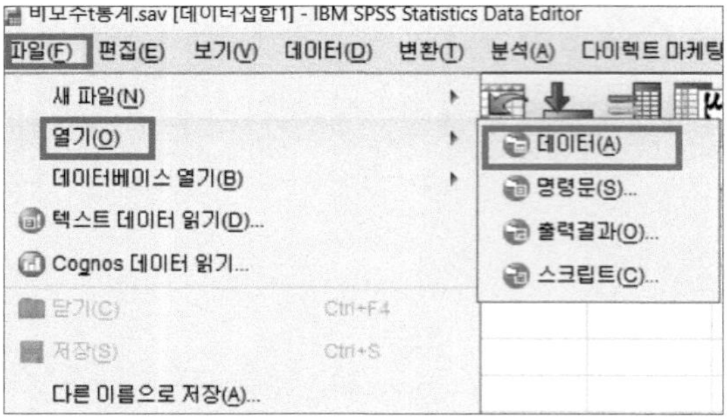


| | 성적 | 도시 | 변수 |
|---|---|---|---|
| 10 | 150 | 1 | |
| 11 | 350 | 1 | |
| 12 | 100 | 1 | |
| 13 | 90 | 1 | |
| 14 | 320 | 1 | |
| 15 | 100 | 1 | |
| 16 | 91 | 1 | |
| 17 | 101 | 1 | |
| 18 | 350 | 1 | |
| 19 | 130 | 1 | |

이어서 분석을 한다. 독립표본 t검정을 시행하는데, 분석 → 평균비교 → 독립표본 t검정을 클릭한다. 검정변수에 성적을 집단에 도시를 클릭한다.

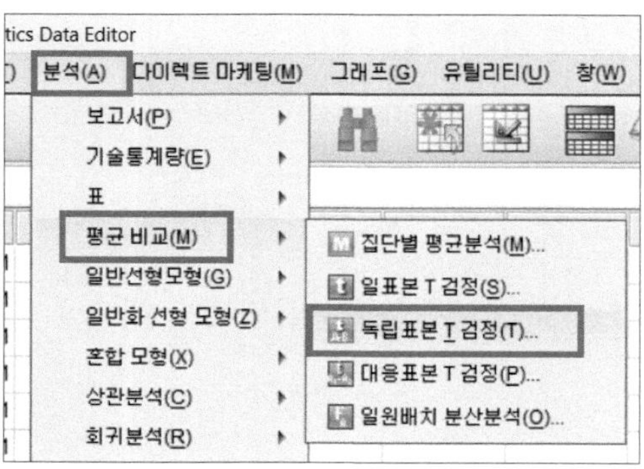

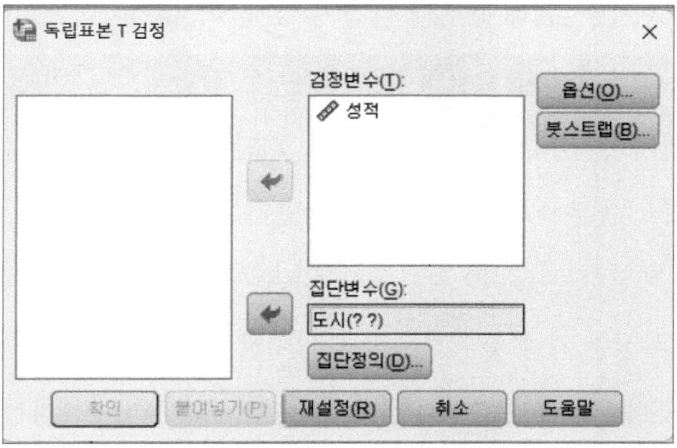


집단정의에 1, 2를 넣고, 계속을 클릭한다.

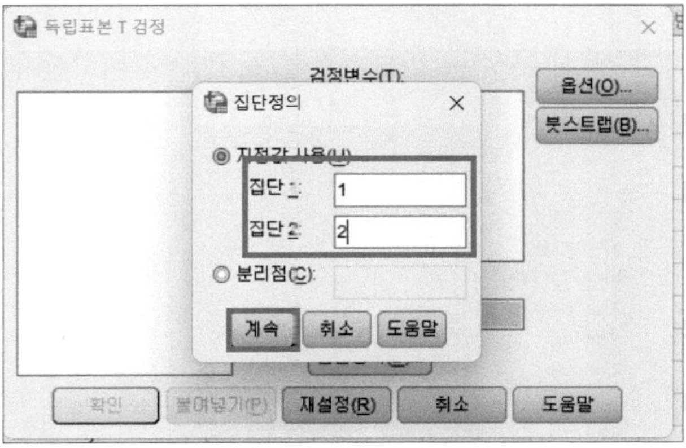


**집단통계량**

| | 도시 | N | 평균 | 표준편차 | 평균의 표준오차 |
|---|---|---|---|---|---|
| 성적 | 1 | 19 | 192.84 | 124.702 | 28.609 |
| | 2 | 19 | 235.68 | 54.533 | 12.511 |

**독립표본 검정**

| | | Levene의 등분산 검정 | | 평균의 동일성에 대한 t-검정 | | | | | | |
|---|---|---|---|---|---|---|---|---|---|---|
| | | | | | | | | | 차이의 95% 신뢰구간 | |
| | | F | 유의확률 | t | 자유도 | 유의확률 (양쪽) | 평균차 | 차이의 표준오차 | 하한 | 상한 |
| 성적 | 등분산이 가정됨 | 37.498 | .000 | -1.372 | 36 | .179 | -42.842 | 31.225 | -106.168 | 20.484 |
| | 등분산이 가정되지 않음 | | | -1.372 | 24.642 | .182 | -42.842 | 31.225 | -107.198 | 21.514 |

결과를 살펴보면 Leven의 등분산 검정에서 F값이 유의미하게 나타났다($F$=37.49, $p$<.001). Leven test의 영가설은 '두 집단의 분산이 동일하다'인데, 이 영가설이 기각됐기 때문에 두 집단의 분산은 동일하지 않음을 알 수 있고, 등분산 가정이 만족되지 않았기 때문에 '등분산이 가정되지 않음'에 해당하는 t값과 자유도를 읽어준다($t$=-1.37, $df$=24.64, $p$>.05). 그 결과 두 집단 간에 통계적으로 유의미한 차이가 없다.

다음으로 SPSS에서는 비모수적 t검정으로 Mann-Whitney 검정을 적용할 수 있다. Mann-Whitney 검정은 등분산성 가정, 정규분포 가정을 요구하지 않기 때문에 두 가지 가정이 만족되지 않거나, 종속변수가 서열척도일 때 적용할 수 있다. 앞선 예를 Mann-Whitney 검정으로 분석하면 다음과 같다. 분석 → 비모수검정 → 레거시 대화상자 → 독립 2표본(2)를 클릭한다.

대화상자가 열리면 검정변수에 성적, 집단변수에 도시를 클릭하고, 집단구분에 1, 2를 입력한다. 또한 검정유형에는 Mann-Whitney의 U를 선택하고, 계속을 클릭한다.

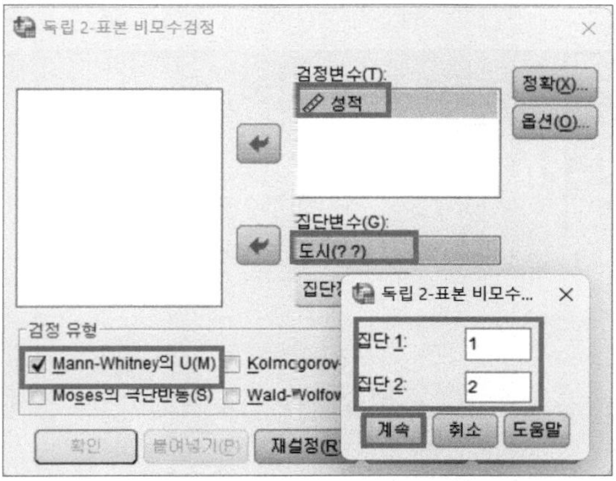


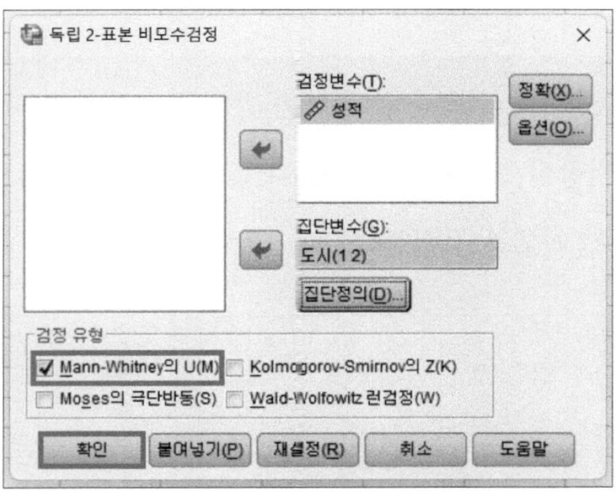

**Mann-Whitney 검정**

순위

| | 도시 | N | 평균순위 | 순위합 |
|---|---|---|---|---|
| 성적 | 1 | 19 | 16.89 | 321.00 |
| | 2 | 19 | 22.11 | 420.00 |
| | 합계 | 38 | | |

검정 통계량[a]

| | 성적 |
|---|---|
| Mann-Whitney의 U | 131.000 |
| Wilcoxon의 W | 321.000 |
| Z | -1.446 |
| 근사 유의확률(양측) | .148 |
| 정확한 유의확률 [2*(단측 유의확률)] | .154[b] |

a. 집단변수: 도시

b. 동률에 대해 수정된 사항이 없습니다.

결과를 살펴보면 Mann-Whitney의 *U*값은 131.00이고, 통계적으로 유의미하지 않아 두 집단 간 유의미한 차이가 나타나지 않았다($U$=131.00, $p$>.05).

다음 jamovi에서 비모수적 t검정을 수행하는 방법을 소개하면 다음과 같다. 먼저 엑셀로 저장된 데이터를 불러온다. Open → Browse를 클릭하고, 데이터 유형에 엑셀을 지정한다.

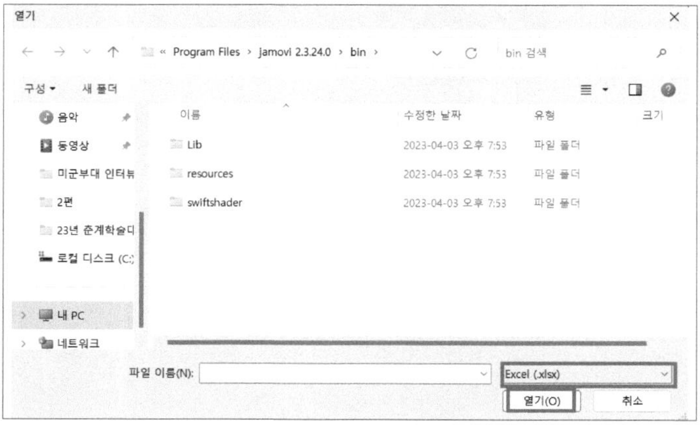

엑셀로 저장한 데이터를 불러온 후 데이터 유형에 대해 성적은 Continuous, 도시는 Nominal을 지정한다.

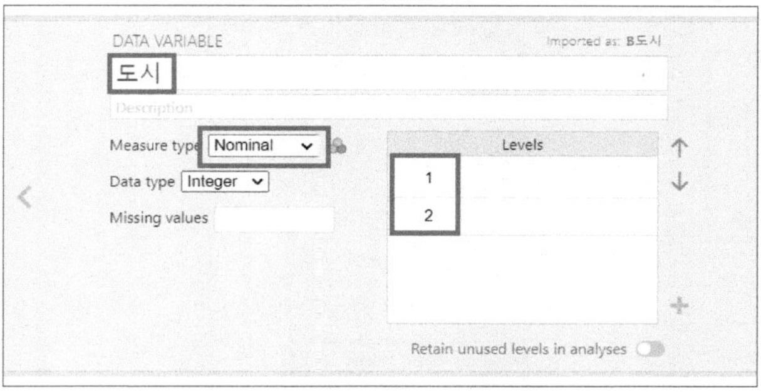


데이터 유형을 지정한 이후에는 Analysis → T-Tests → Independent Samples T-Test를 클릭한다.

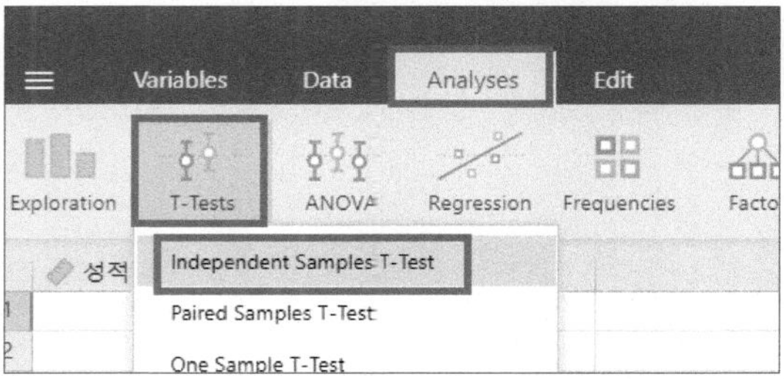

성적을 Dependent Variables에 도시를 Grouping Variable에 보낸다. 선택사항으로 Student's t와 Welch's t를 클릭하고, Assumption Checks로는 Homogeneity Test와 Normality Test를 클릭한다.

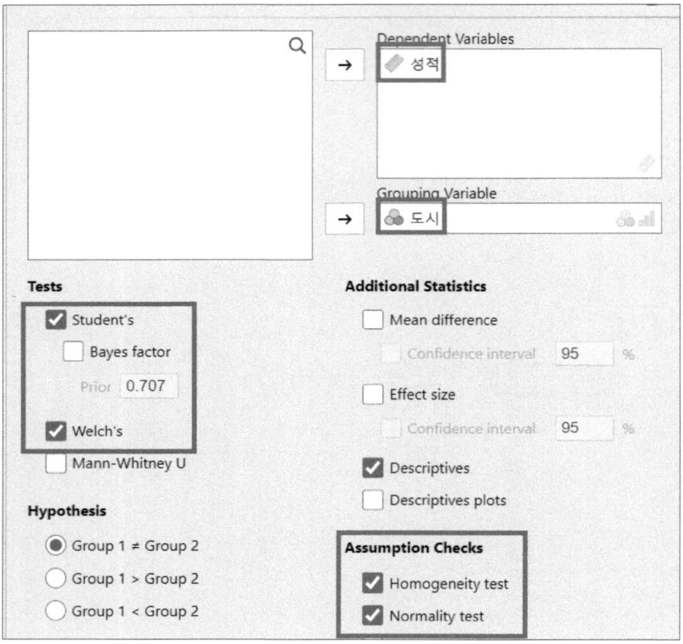

가정점검 결과를 살펴보면 정규성 가정이 위배되었고(Shapiro-Wilks $W$=0.914, $p$<.01), Leven의 등분산성 가정도 만족되지 않았다($F$=37.5, $df$=1, 36, $p$<.001). 두 가지 가정 점검의 영가설은 집단이 동일하다는 것 ( $H_0 : \mu_1 = \mu_2$ )이기 때문에 영가설이 기각되지 않고 채택되어야 가정이 만족된다.

Independent Samples T-Test

| | | Statistic | df | p |
|---|---|---|---|---|
| 성적 | Student's t | -1.37 ᵃ | 36.0 | 0.179 |
| | Welch's t | -1.37 | 24.6 | 0.182 |

*Note.* $H_a\ \mu_1 \neq \mu_2$

ᵃ Levene's test is significant (p < .05), suggesting a violation of the assumption of equal variances

**Assumptions**

Normality Test (Shapiro-Wilk)

| | W | p |
|---|---|---|
| 성적 | 0.914 | 0.006 |

*Note.* A low p-value suggests a violation of the assumption of normality

Homogeneity of Variances Test (Levene's)

| | F | df | df2 | p |
|---|---|---|---|---|
| 성적 | 37.5 | 1 | 36 | < .001 |

*Note.* A low p-value suggests a violation of the assumption of equal variances

가정이 만족되지 않았기 때문에 이 경우에는 Welch's t 값을 확인한 결과 통계적으로 유의미한 차이가 나타나지 않았다($Welch's\ t$=-1.37, $df$=24.6, $p$>.05).

종속변수가 서열척도인 경우에는 앞서 소개한 바와 같이 Mann-Whitney U검정을 대안으로 사용할 수 있다. 예를 들어, A도시와 B도시에서 각 15명씩을 표집하여 성적의 원점수가 아니라 성적의 순위를 조사하여 엑셀에 아래와 같이 저장했다.

| A도시 | B도시 |
|---|---|
| 1 | 7 |
| 5 | 11 |
| 12 | 90 |
| 15 | 4 |
| 6 | 3 |
| 29 | 66 |
| 145 | 147 |
| 139 | 131 |
| 27 | 28 |
| 30 | 33 |
| 222 | 109 |
| 314 | 302 |
| 25 | 22 |
| 16 | 17 |
| 78 | 88 |

jamovi를 실행한 후 엑셀에 저장된 데이터를 불러온다. Open → Browse를 클릭하고, 데이터 형식은 엑셀(.xls, .xlxs)을 지정하여 엑셀에 저장된 데이터를 불러온다.

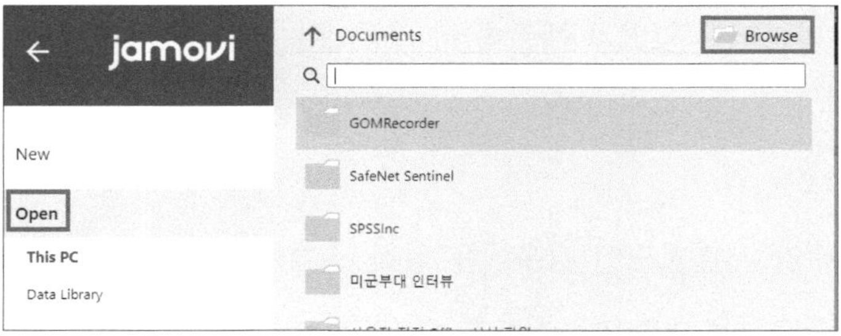

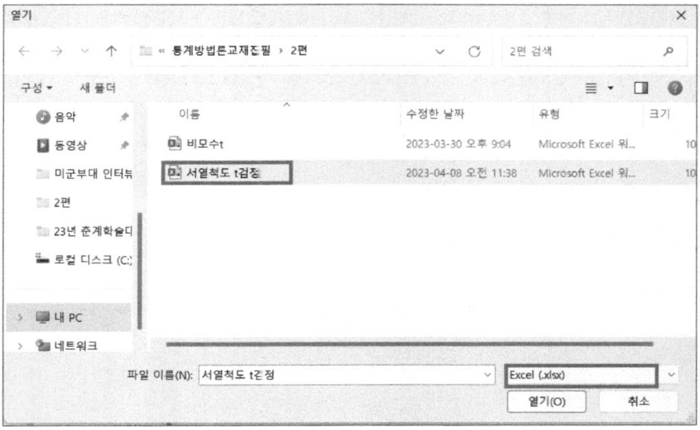


jamovi 파일로 저장한 후 Data탭을 클릭한 후 등수변수를 더블 클릭하면 속성을 지정할 수 있는 창이 활성화된다. 그러면 등수의 Measure Type은 Ordinal로 지정하고, 도시는 Nominal로 지정한다.

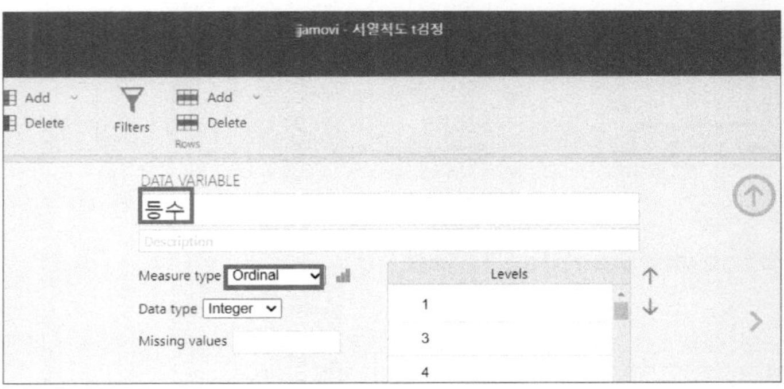


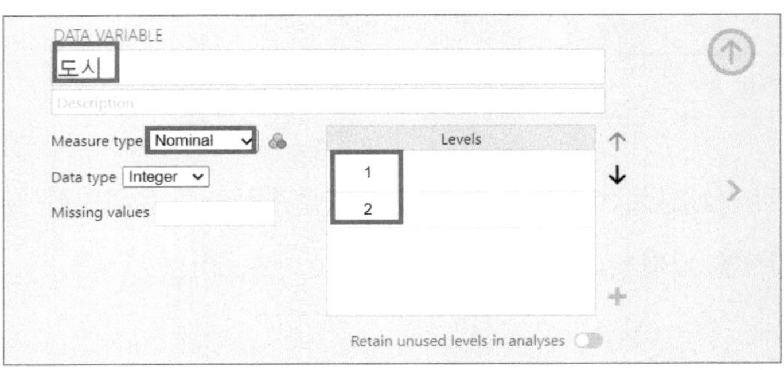

이어서 Analysis → T-Tests → Independent Samples T-Test를 클릭한다. 대화창이 열리면 Dependent Variables에는 등수를 Grouping Variable에는 도시를 지정한다. Tests 선택탭에서는 Mann-Whitney U를 클릭한다.

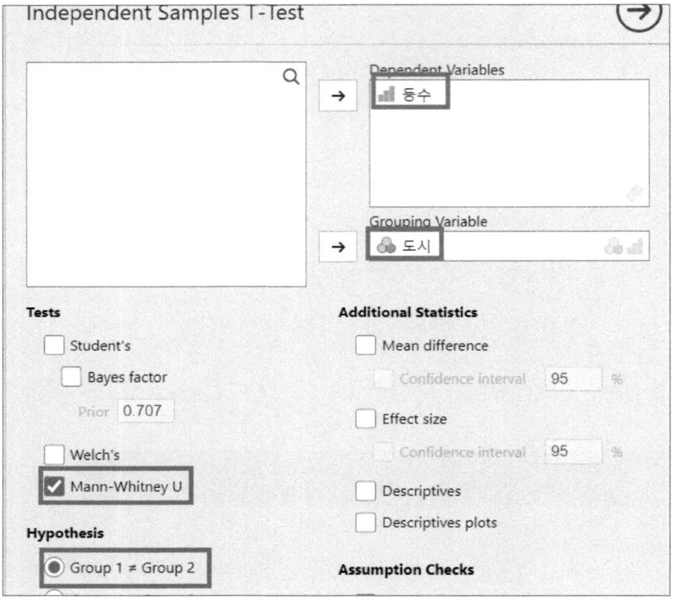


## Independent Samples T-Test

Independent Samples T-Test

| | | Statistic | p |
|---|---|---|---|
| 등수 | Mann-Whitney U | 30.0 | < .001 |

*Note.* $H_a$ $\mu_1 \neq \mu_2$

분석결과 두 집단 간 학업성취 서열에는 통계적으로 유의미한 차이가 있는 것으로 나타났다(*Mann-Whitney U*=30.0, *p*<.001).

# 7장 일원분산분석

앞서 살펴본 t검정은 두 집단간 평균 비교 또는 짝진 집단의 평균비교를 위해 개발된 분석방법이다. 그런데 세 개 이상의 집단의 평균을 비교해야 할 경우에는 여러 번의 t검정을 해야 하고, 그 경우 일종오차를 .05미만으로 통제할 수 없다. 즉, 여러 번의 t검정에서 유의미한 결과가 나타난다 하더라고 영가설을 기각할 수 있는 확률이 95%를 넘는다고 확신할 수 없다.

이러한 문제를 해결하기 위해서는 1종 오차를 5% 미만으로 유지하면서도 세 집단 이상의 평균을 비교할 수 있는 분석방법이 필요하다. 이를 위해서 개발된 검정방법이 Fisher가 제안한 분산분석(Analysis of Variance: ANOVA)이다. Fisher는 평균을 비교하는 것이 아니라 분산의 비율을 비교했는데, 즉, 분산의 원인이 집단 간 분산(between group variance)에 의한 것인지, 집단 내 분산(within group variance)에 의한 것인지를 비교했다. 이러한 분포를 Fisher의 이름을 따서 F분포라고 한다.

일원 분산분석(One-Way ANOVA)은 독립변수가 하나이고, 독립변수의 수준이 3개 이상으로 집단이 3개 이상이 될 때 사용할 수 있다. 예를 들어서, 심리치료의 접근방법에 따라서 우울증의 점수에 차이가 있는지를 비교한다고 한다면 심리치료의 접근방법이 단일한 독립변수가 되고, 3가지 이상의 방법을 비교한다면 3개의 수준이 된다. F통계값을 계산하여 분산의 원인이 집단 간 차이에 의한 것인지, 집단 내 차이에 이한 것인지를 확인하여 1종 오차를 통제하면서 분산의 원인을 밝히는 것이 타당하다. F통계량은 아래 공식으로 계산할 수 있다.

$$F = \frac{\sigma_B^2}{\sigma_W^2} = \frac{variance\ \ between\ \ groups}{variance\ \ within\ \ groups}$$

위 F검정에서 집단 내 데이터들의 분산보다 집단 간 차이에 의한 분산이 더 크다면 F값이 기각값 이상이 나오게 되고 이를 통해서 볼 때 집단 간 평균의 차이가 있다고 결론을 낼 수 있다.

## 7.1. 분산분석을 위한 기본 가정

F검정을 활용한 분산분석을 적용하기 위해서는 몇 가지 기본 가정이 충족되어야 한다. 첫째, 종속변수는 등간척도 이상의 연속변수여야 한다. 둘째, 각 표본집단의 모집단은 정규분포를 해야 한다. 셋째, 각 표본집단의 모집단의 분산은 동질적이어야 한다. 만약 이러한 기본가정이 충족되지 못한다면 비모수적 검정방법을 사용해야 하는데, 대표적으로 Kruskal-Wallis 분석이 있다.

## 7.2. SPSS에서 분산분석의 시행

예를 들어, 세 가지 심리치료 기법에 따라서 상담을 실시한 후 내담자 집단의 우울감과 자아존중감의 점수가 아래와 같았다고 가정하자. 각 집단에는 15명씩 내담자들이 있다.

| 정신분석 | | 인지행동 | | 인간중심 | |
|---|---|---|---|---|---|
| 우울감 | 자존감 | 우울감 | 자존감 | 우울감 | 자존감 |
| 12 | 11 | 8 | 15 | 9 | 10 |
| 34 | 15 | 10 | 17 | 10 | 13 |
| 23 | 17 | 11 | 19 | 11 | 15 |
| 27 | 20 | 13 | 21 | 12 | 16 |
| 30 | 23 | 15 | 22 | 13 | 17 |
| 17 | 26 | 16 | 25 | 15 | 19 |
| 24 | 30 | 19 | 28 | 16 | 21 |
| 30 | 28 | 20 | 32 | 18 | 22 |
| 22 | 25 | 18 | 28 | 19 | 19 |
| 10 | 21 | 17 | 26 | 18 | 18 |
| 32 | 18 | 15 | 24 | 16 | 17 |
| 16 | 15 | 10 | 20 | 14 | 16 |
| 23 | 10 | 8 | 18 | 13 | 15 |
| 20 | 8 | 6 | 16 | 9 | 13 |

세 집단의 모평균에 유의미한 차이가 있는지를 검정하기 위한 분산분석의 영가설과 연구가설은 아래와 같이 진술할 수 있다.

$H_o : \mu_j = \mu_{j'}$ ($n$개 집단간 평균에 차이가 없다)
$H_A : \mu_j \neq \mu_{j'}$ ($n$개 집단간 평균에 차이가 있다)

SPSS에서 분산분석을 수행하기 위해서 먼저 엑셀에 저장된 데이터를 불러온다. 파일 → 열기 → 데이터를 클릭하고, 데이터 열기 대화창이 나오면 파일형식에 엑셀을 지정한다.

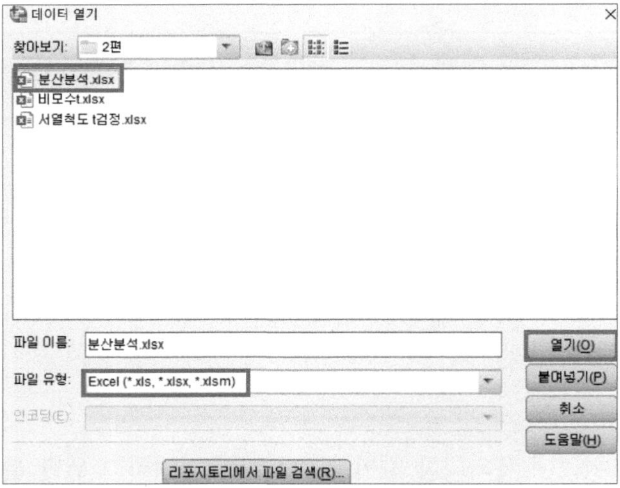


엑셀파일을 SPSS에서 연 다음에는 .sav파일로 저장하고 분석을 시작한다. 변수보기 탭을 클릭하여 측도에 집단은 명목, 우울감과 자존감은 척도를 지정한다.

| 집단 | 우울감 | 자존감 | 변수 |
|---|---|---|---|
| 1.0 | 12.0 | 11.0 | |
| 1.0 | 34.0 | 15.0 | |
| 1.0 | 23.0 | 17.0 | |
| 1.0 | 27.0 | 20.0 | |
| 1.0 | 30.0 | 23.0 | |
| 1.0 | 17.0 | 26.0 | |
| 1.0 | 24.0 | 30.0 | |
| 1.0 | 30.0 | 28.0 | |
| 1.0 | 22.0 | 25.0 | |
| 1.0 | 10.0 | 21.0 | |
| 1.0 | 32.0 | 18.0 | |
| 1.0 | 16.0 | 15.0 | |
| 1.0 | 23.0 | 10.0 | |
| 1.0 | 20.0 | 8.0 | |
| 2.0 | 8.0 | 15.0 | |
| 2.0 | 10.0 | 17.0 | |
| 2.0 | 11.0 | 19.0 | |

| 이름 | 유형 | 너비 | 소수점이... | 설명 | 값 | 결측값 | 열 | 맞춤 | 척도 |
|---|---|---|---|---|---|---|---|---|---|
| 집단 | 숫자 | 12 | 1 | | 없음 | 없음 | 12 | 오른쪽 | 명목(N) |
| 우울감 | 숫자 | 12 | 1 | | 없음 | 없음 | 12 | 오른쪽 | 척도(S) |
| 자존감 | 숫자 | 12 | 1 | | 없음 | 없음 | 12 | 오른쪽 | 척도(S) |

데이터가 준비되면 일원분산분석을 시작한다. 분석 → 평균비교 → 일원배치 분산분석을 클릭한다. 대화창이 열리면 종속변수에는 우울감과 자존감을 보내고, 요인에는 집단을 보낸다.

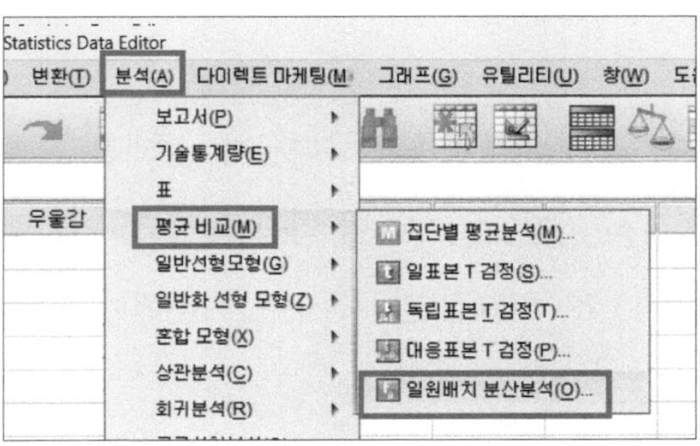

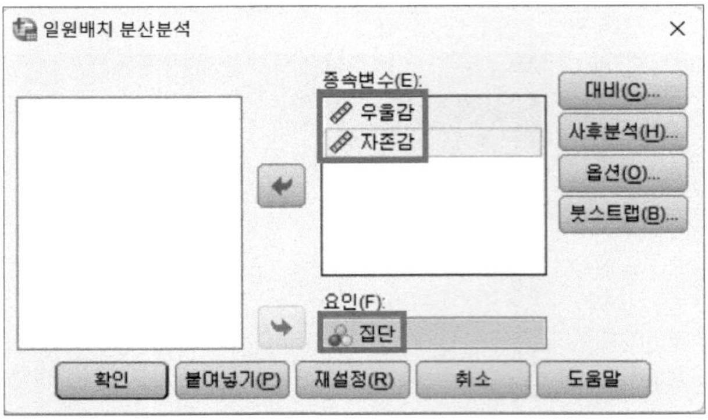


옵션을 클릭한 후 나타나는 선택창에서 기술통계와 분산 동질성 검정을 클릭한다. 선택을 마치면 일원배치분산분석 대화창에서 확인을 클릭한다.

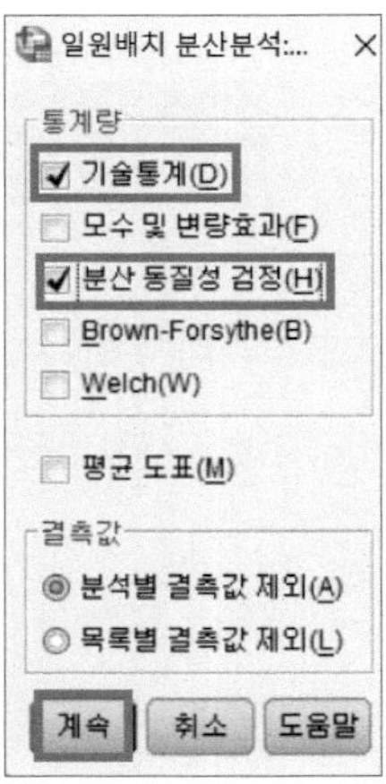

확인을 누르면 아래와 같이 분석결과가 나타난다. 결과를 살펴보면 우울감의 경우 정신분석 집단($M$=22.86)이 가장 높았고, 인지행동($M$=13.28)과 인간중심($M$=13.78) 치료집단의 점수는 비슷했다. 자존감의 경우는 인지행동($M$=22.21) 집단의 점수가 가장 높았고, 정신분석($M$=19.07), 인간중심($M$=16.50) 치료집단 순이었다.

**기술통계**

| | | N | 평균 | 표준편차 | 표준오차 | 평균에 대한 95% 신뢰구간 | | 최소값 | 최대값 |
|---|---|---|---|---|---|---|---|---|---|
| | | | | | | 하한값 | 상한값 | | |
| 우울감 | 정신분석 | 14 | 22.857 | 7.3470 | 1.9636 | 18.615 | 27.099 | 10.0 | 34.0 |
| | 인지행동 | 14 | 13.286 | 4.4966 | 1.2018 | 10.689 | 15.882 | 6.0 | 20.0 |
| | 인간중심 | 14 | 13.786 | 3.3553 | .8967 | 11.848 | 15.723 | 9.0 | 19.0 |
| | 합계 | 42 | 16.643 | 6.8497 | 1.0569 | 14.508 | 18.777 | 6.0 | 34.0 |
| 자존감 | 정신분석 | 14 | 19.071 | 6.8553 | 1.8321 | 15.113 | 23.030 | 8.0 | 30.0 |
| | 인지행동 | 14 | 22.214 | 5.1168 | 1.3675 | 19.260 | 25.169 | 15.0 | 32.0 |
| | 인간중심 | 14 | 16.500 | 3.2522 | .8692 | 14.622 | 18.378 | 10.0 | 22.0 |
| | 합계 | 42 | 19.262 | 5.6700 | .8749 | 17.495 | 21.029 | 8.0 | 32.0 |

**분산의 동질성 검정**

| | Levene 통계량 | df1 | df2 | 유의확률 |
|---|---|---|---|---|
| 우울감 | 3.647 | 2 | 39 | .035 |
| 자존감 | 4.464 | 2 | 39 | .018 |

**일원배치 분산분석**

| | | 제곱합 | df | 평균 제곱 | F | 유의확률 |
|---|---|---|---|---|---|---|
| 우울감 | 집단-간 | 812.714 | 2 | 406.357 | 14.265 | .000 |
| | 집단-내 | 1110.929 | 39 | 28.485 | | |
| | 합계 | 1923.643 | 41 | | | |
| 자존감 | 집단-간 | 229.333 | 2 | 114.667 | 4.107 | .024 |
| | 집단-내 | 1088.786 | 39 | 27.918 | | |
| | 합계 | 1318.119 | 41 | | | |

등분산성 가정 점검 결과 우울감(*Levene's F*=3.64, $p$=.035), 자존감(*Levene's F*=4.46, $p$=.018)의 집단 간 차이가 있는 것으로 나타났다. Levene 검정의 영가설($H_0 : \mu_j = \mu_{j'}$)은 등분산성이 만족된다는 것인데, 이런 영가설이 기각됐기 때문에 가정이 만족되지 않은 것으로 보인다. 이 경우 비모수통계 분석방법인 Kruskal-Wallis를 적용할 수 있다.

## 7.3. jamovi에서 분 산분석의 실행

jamovi에서 일원분산분석을 실행하기 위해서 먼저 엑셀에 저장된 데이터를 읽어온다. Open → Browse를 클릭하고, 파일형식에 .xls, .xlxs를 선택한다.

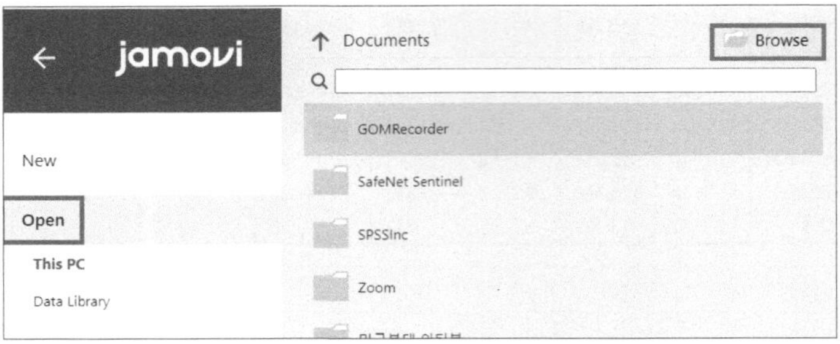

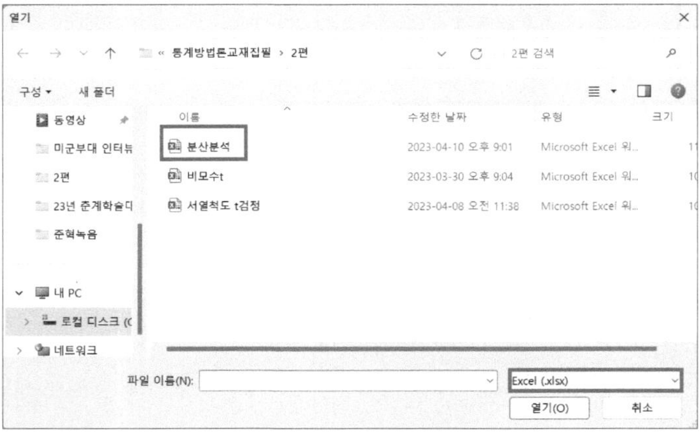

데이터가 열리면 각 변수의 유형과 측도를 지정한다. 집단은 Nominal을 지정하고, 각 수준에 정신분석, 인지행동, 인본주의 등 각 치료기법 집단명을 입력한다. 또 자존감과 우울감에는 Type에 Continuous를 선택한다.

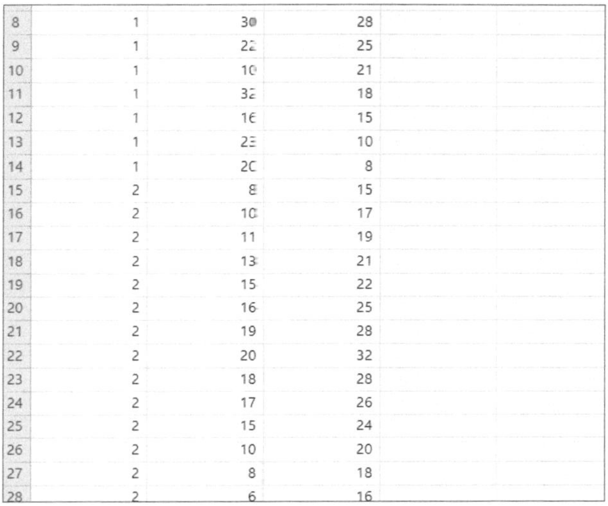

| | | | | | |
|---|---|---|---|---|---|
| 8 | 1 | 30 | 28 | | |
| 9 | 1 | 22 | 25 | | |
| 10 | 1 | 10 | 21 | | |
| 11 | 1 | 32 | 18 | | |
| 12 | 1 | 16 | 15 | | |
| 13 | 1 | 23 | 10 | | |
| 14 | 1 | 20 | 8 | | |
| 15 | 2 | 8 | 15 | | |
| 16 | 2 | 10 | 17 | | |
| 17 | 2 | 11 | 19 | | |
| 18 | 2 | 13 | 21 | | |
| 19 | 2 | 15 | 22 | | |
| 20 | 2 | 16 | 25 | | |
| 21 | 2 | 19 | 28 | | |
| 22 | 2 | 20 | 32 | | |
| 23 | 2 | 18 | 28 | | |
| 24 | 2 | 17 | 26 | | |
| 25 | 2 | 15 | 24 | | |
| 26 | 2 | 10 | 20 | | |
| 27 | 2 | 8 | 18 | | |
| 28 | 2 | 6 | 16 | | |

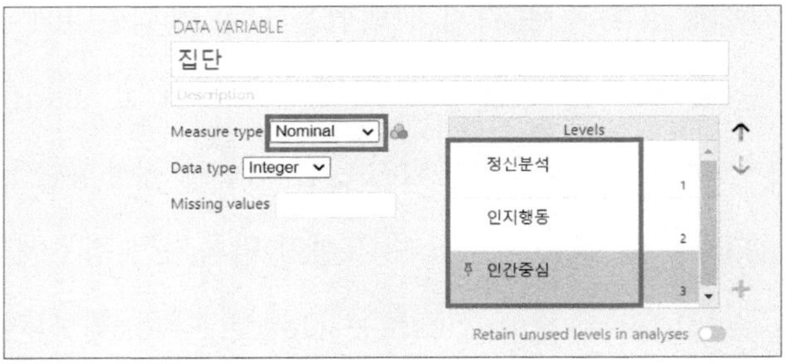


이후 Analysis → ANCVA → One-way ANOVA를 선택한다.

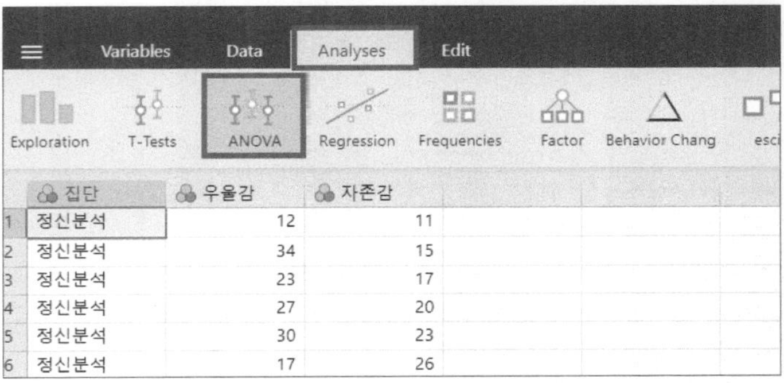

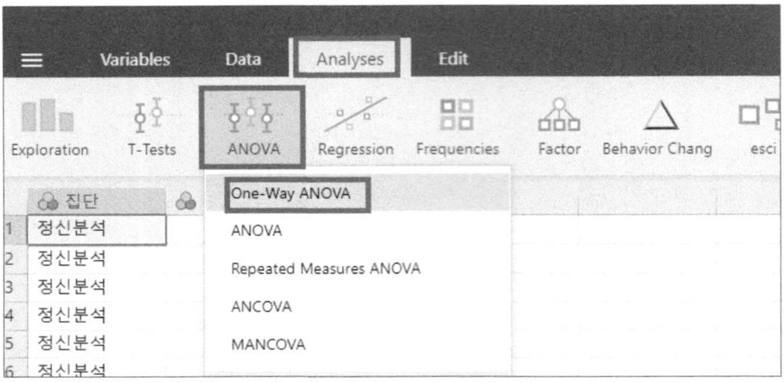


대화창이 열리면 Dependent Variables에는 우울감과 자존감을 보내고, Grouping Variable에는 집단을 보낸다. Option 탭들에서 Variance(등분산성 가정 점검)는 두 가지 선택탭을 모두 클릭한다(왜냐하면 가정이 만족되는지를 아직 알 수 없으므로). 여기서 Don't assume equal(Welch's)은 등분산성 가정이 만족되지 않는 경우에 적용하는 F값이고, Assume equal(Fisher's)은 등분산성 가정이 만족되는 경우에 적용하는 F값이다. Additional Statistics로는 Descriptives를 선택하

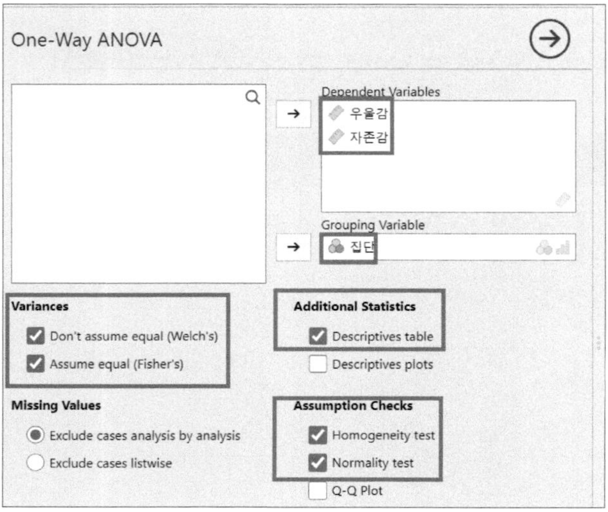

고, Assumption Checks에는 Homogeneity test(등분산성 점검)와 Normality test(정규성 점검)을 체크한다. 그 결과는 아래와 같이 나타난다.

**Assumption Checks**

Normality Test (Shapiro-Wilk)

| | W | p |
|---|---|---|
| 우울감 | 0.992 | 0.993 |
| 자존감 | 0.993 | 0.994 |

*Note.* A low p-value suggests a violation of the assumption of normality

Homogeneity of Variances Test (Levene's)

| | F | df1 | df2 | p |
|---|---|---|---|---|
| 우울감 | 3.65 | 2 | 39 | 0.035 |
| 자존감 | 4.46 | 2 | 39 | 0.018 |

[3]

가정점검 결과를 살펴보면 정규성 점검을 위한 Shapiro-Wilk test 결과 우울감과 자존감의 정규성 가정은 만족되었다(Shapiro-Wilk test의 영가설은 ‘정규성이 만족된다 인데 영가설이 기각되지 않았으므로 정규성 가정이 만족되는 것으로 판단할 수 있다). 다음으로 등분산성 가정은 Leven's test를 살펴보는데, 영가설이 기각되었기 때문에 등분산성 가정은 만족되지 않았음을 알 수 있다.

따라서 이 경우에는 비모수적 통계량인 Welch's F값을 채택한다. 결과를 살펴보면 우울감(*Welch's F*=9.58, $p<.001$)과 자존감(*Welch's F*=6.16, $p<.01$)에서 세 집단간 통계적으로 유의미한 차이가 나타났다.

## One-Way ANOVA

One-Way ANOVA

| | | F | df1 | df2 | p |
|---|---|---|---|---|---|
| 우울감 | Welch's | 9.58 | 2 | 24.2 | < .001 |
| | Fisher's | 14.27 | 2 | 39 | < .001 |
| 자존감 | Welch's | 6.16 | 2 | 23.8 | 0.007 |
| | Fisher's | 4.11 | 2 | 39 | 0.024 |

Group Descriptives

| | 집단 | N | Mean | SD | SE |
|---|---|---|---|---|---|
| 우울감 | 정신분석 | 14 | 22.9 | 7.35 | 1.964 |
| | 인지행동 | 14 | 13.3 | 4.50 | 1.202 |
| | 인간중심 | 14 | 13.8 | 3.36 | 0.897 |
| 자존감 | 정신분석 | 14 | 19.1 | 6.86 | 1.832 |
| | 인지행동 | 14 | 22.2 | 5.12 | 1.368 |
| | 인간중심 | 14 | 16.5 | 3.25 | 0.869 |

## 7.4. 비모수적 분산분석

만약에 종속변수가 서열척도이거나 정규성 가정이 만족되지 않는다면 세 집단 이상의 집중경향의 차이는 비모수적 분산분석 방법인 Kruskal-Wallis 검정을 적용할 수 있다. 예를 들어서, A, B, C 도시의 고등학생 중 10명씩을 모집하여 수능성적 등수를 조사한 결과를 아래와 같이 정리했다.

| A도시 | B도시 | C도시 |
|---|---|---|
| 120 | 223 | 90 |
| 89 | 304 | 167 |
| 43 | 766 | 186 |
| 26 | 543 | 157 |
| 90 | 441 | 215 |
| 12 | 280 | 115 |
| 22 | 210 | 133 |
| 13 | 129 | 290 |
| 167 | 433 | 201 |
| 190 | 189 | 175 |

종속변수가 서열척도이기 때문에 모수통계를 적용할 수 없고, 비모수적 통계방법인 Kruskal-Wallis(KW) 분석 방법을 적용한다. 비모수통계방법은 등분산성 가정이나 정규분포 가정이 요구되지 않는다. 다만, 검정력(1-$\beta$)은 모수적 F검정보다 낮은 것으로 알려져 있다.

먼저 SPSS에서 KW분석 방법을 실행하는 방법을 소개하겠다. 엑셀에 저장된 데이터를 불러온다. 파일 → 열기 → 데이터를 클릭한다.

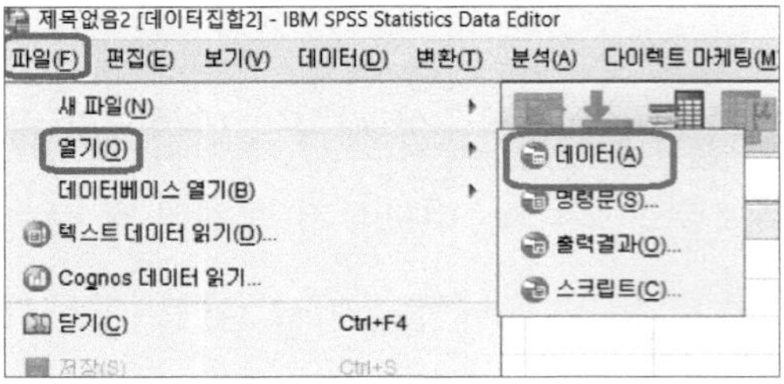

대화창이 열리면 파일유형에 엑셀(.xls, .xlxs)를 지정한 후 해당되는 파일을 클릭하고, 열기를 누른다. Excel 데이터 소스 열기 대화창이 열리면 확인을 클릭한다.

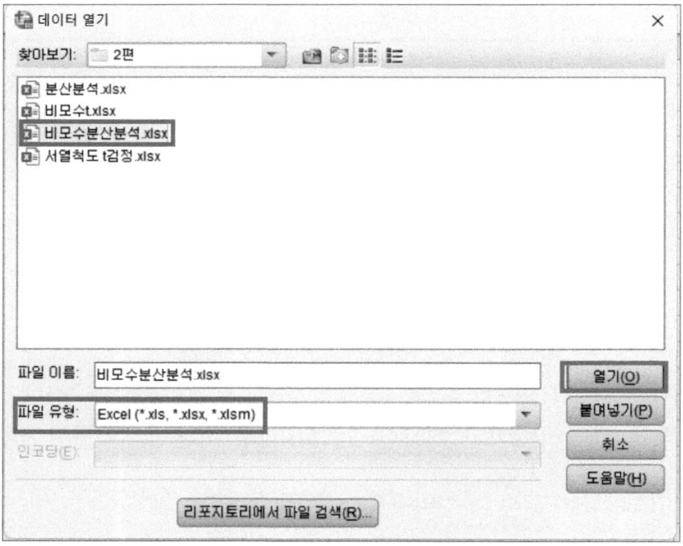

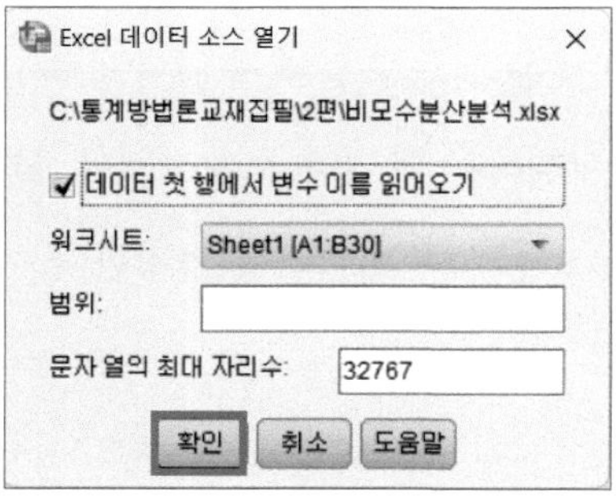

데이터가 열리면 하단의 오른쪽 변수보기 탭을 클릭한다. 변수이름을 입력하고, 측도탭에서 등수는 순서를, 도시는 명목을 선택한다.

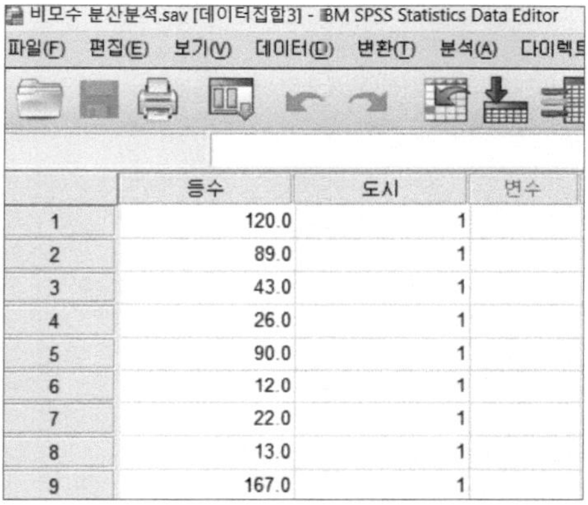


| | 등수 | 도시 | 변수 |
|---|---|---|---|
| 1 | 120.0 | 1 | |
| 2 | 89.0 | 1 | |
| 3 | 43.0 | 1 | |
| 4 | 26.0 | 1 | |
| 5 | 90.0 | 1 | |
| 6 | 12.0 | 1 | |
| 7 | 22.0 | 1 | |
| 8 | 13.0 | 1 | |
| 9 | 167.0 | 1 | |

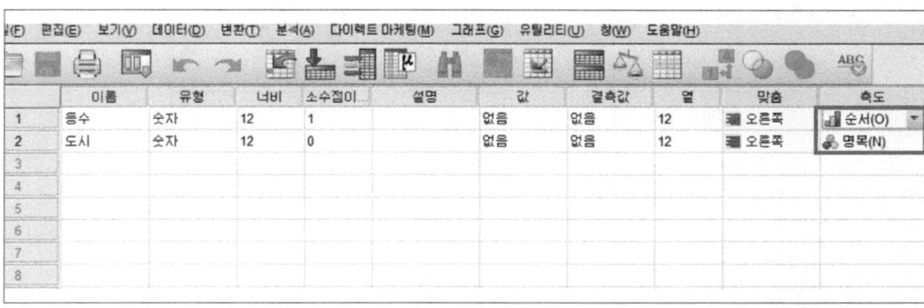


| | 이름 | 유형 | 너비 | 소수점이... | 설명 | 값 | 결측값 | 열 | 맞춤 | 측도 |
|---|---|---|---|---|---|---|---|---|---|---|
| 1 | 등수 | 숫자 | 12 | 1 | | 없음 | 없음 | 12 | 오른쪽 | 순서(O) |
| 2 | 도시 | 숫자 | 12 | 0 | | 없음 | 없음 | 12 | 오른쪽 | 명목(N) |
| 3 | | | | | | | | | | |
| 4 | | | | | | | | | | |
| 5 | | | | | | | | | | |
| 6 | | | | | | | | | | |
| 7 | | | | | | | | | | |
| 8 | | | | | | | | | | |

이어서 분석 → 비모수 검정 → 레거시 대화 상자 → 독립 K표본을 클릭한다. 대화상자가 열리면 검정변수에 등수를, 집단변수에 도시를 보내고, 집단변수의 범위지정 탭을 클릭한다. 검정유형에는 Kruskal-Wallis의 H를 클릭한다.

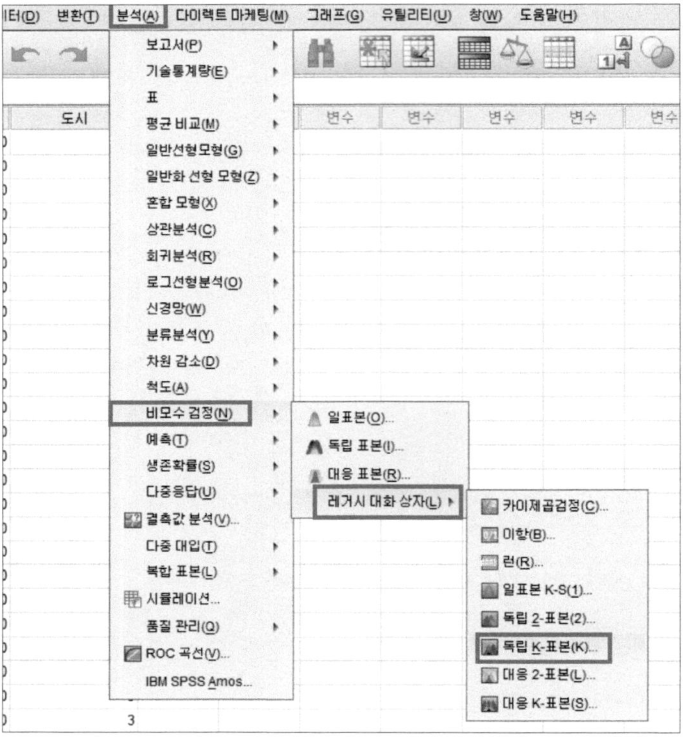

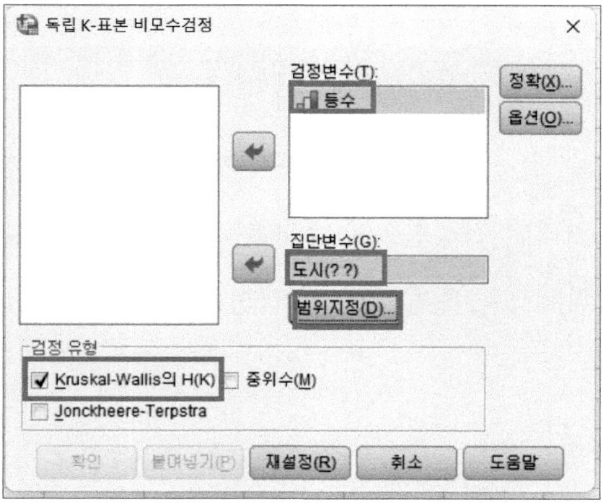

범위지정 탭이 열리면 최소값 1, 최대값 3을 입력하고, 계속을 클릭한다. 그러면 결과값이 나타나는데 세 개 표본의 평균순위가 제시되고, 평균 순위 간 차이에 대한 카이제곱 값이 통계적으로 유의미하게 나타났다($\chi^2$ =17.57, $df$=2, $p$<.001). 즉, 세 도시 고등학생의 수능성적 순위에는 통계적으로 유의미한 차이가 있다.

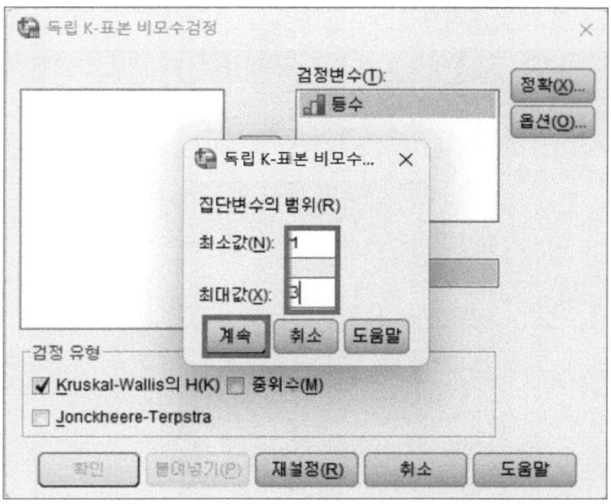


**Kruskal-Wallis 검정**

순위

| | 도시 | N | 평균순위 |
|---|---|---|---|
| 등수 | 1 | 10 | 7.20 |
| | 2 | 10 | 23.70 |
| | 3 | 10 | 15.60 |
| | 합계 | 30 | |

검정 통계량$^{a,b}$

| | 등수 |
|---|---|
| 카이제곱 | 17.574 |
| 자유도 | 2 |
| 근사 유의확률 | .000 |

a. Kruskal Wallis 검정

b. 집단변수: 도시

다음은 jamovi에서 비모수적 일원분산분석을 시행하는 것을 소개한다. 먼저 jamovi에서 엑셀에 저장된 데이터를 읽어온다. Open → Browse를 클릭하고, 데이터 유형에 .xls, .xlxs를 선택한다. 데이터 파일을 선택하고, 데이터가 열리면 각 변수들을 더블클릭하여 변수명과 측도를 지정한다.

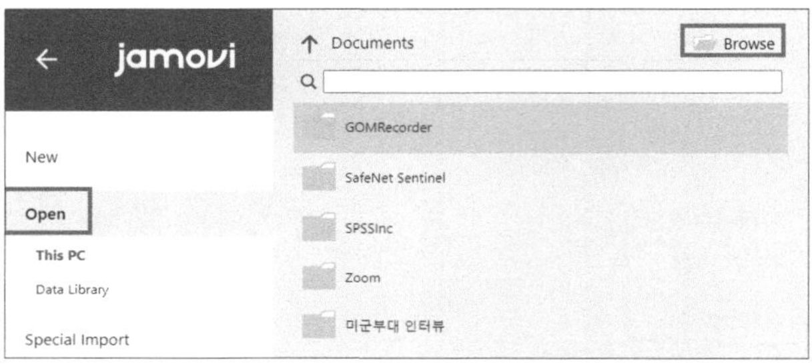


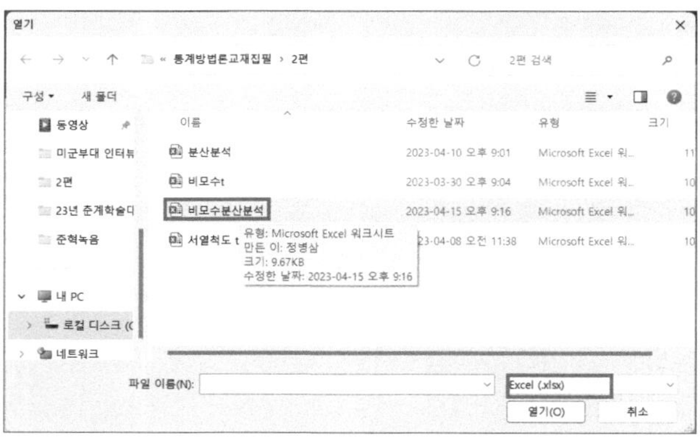

등수는 Measure type에 Ordinal을 지정하고, 도시는 Nominal을 지정하며, Levels에는 각 도시명을 입력한다.

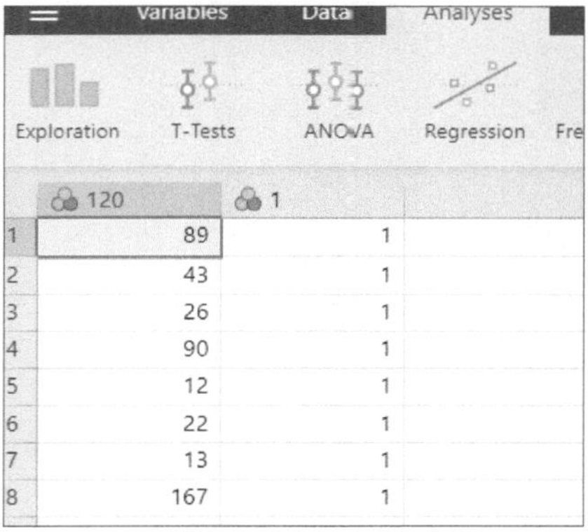


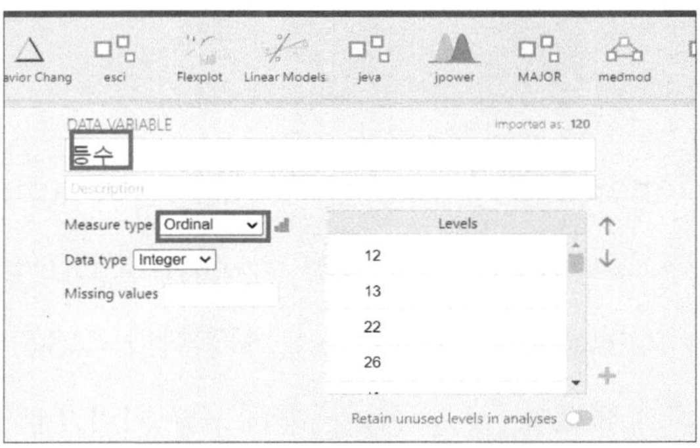


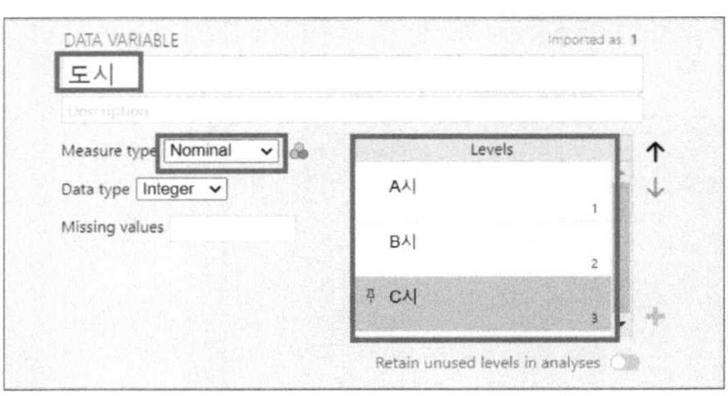

이어서 Analysis → ANOVA → Non-parametric One-Way ANOVA Kruskal-Wallis를 클릭한다.

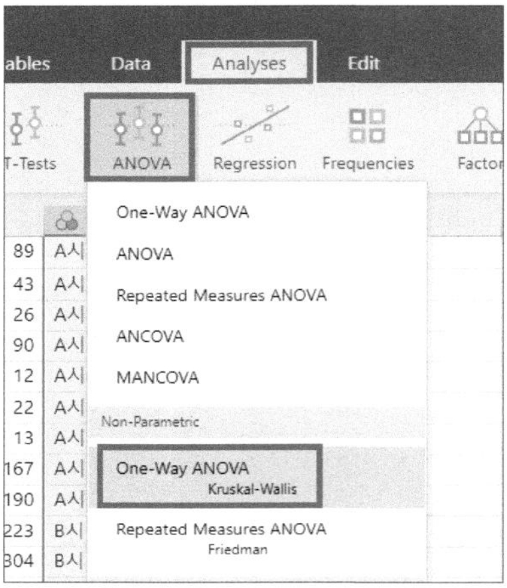


대화창이 열리면 Dependent Variables에 등수, Grouping Variable에 도시를 보내고, Option창에 Effect size와 DSCF(Dwass-Steel-Critchlow-Fligner) Pairwise comprisons를 클릭한다. DSCF는 비모수적 종속변수에 대해서 Wilcoxon comparison를 기반으로 개발되었다. 사후비교에 대해서는 다음 장에서 보다 자세한 소개한다.

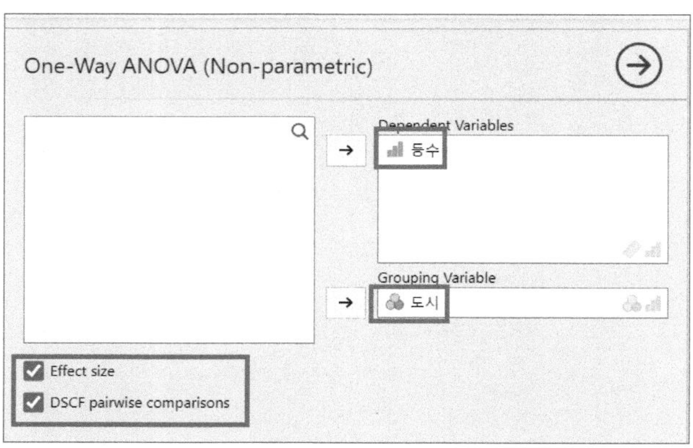

## One-Way ANOVA (Non-parametric)

Kruskal-Wallis

| | χ² | df | p | ε² |
|---|---|---|---|---|
| 등수 | 16.8 | 2 | < .001 | 0.600 |

### Dwass-Steel-Critchlow-Fligner pairwise comparisons

Pairwise comparisons - 등수

| | | W | p |
|---|---|---|---|
| A시 | B시 | 4.85 | 0.002 |
| A시 | C시 | 3.81 | 0.019 |
| B시 | C시 | −3.74 | 0.022 |

결과를 살펴보면 역시 Kruskal-Wallis 검정 결과 세 도시 고등학생의 수능성적 등수에는 통계적으로 유의미한 차이가 있고($\chi^2$=16.8, $df$=2, $p<.001$), 효과크기($\epsilon^2$ =0.60)는 다소 크게 나타났다. DSCF 비교검정 결과 A시와 B시 간에 유의미한 차이가 있고($W$=4.85, $p<.01$), A시와 C시($W$=3.81, $p<.05$), B시와 C시($W$=-3.74, $p<.05$)사이에도 유의미한 차이가 나타났다.

# 8장 사후비교 검정

일원 분산분석은 집단을 구분하는 독립변수가 하나인 경우 적용하는데, 독립변수의 수준은 다양하다. 즉, 집단의 수는 3개 이상이다. 전체검정(overall test)에서 유의미한 차이가 있는 것으로 나타났다면, 이제 구체적으로 어떤 집단과 어떤 집단에서 유의미한 차이가 있는지를 검정해야 한다. 예를 들어서, A, B, C 세 도시에서 각 10명의 학생을 표집하여 그들의 수능성적을 조사하여 일원분산분석을 적용했더니 통계적으로 유의미한 차이가 나타났다고 하자. 그렇다면 연구자는 자연스럽게 구체적으로 어떤 도시들 사이에서 유의미한 차이가 있는지 알고 싶다. 그러나 F검정 자체는 세 도시 고등학생의 수능성적의 평균이 동일하지 않다는 것만을 보여줄 뿐 세부적으로 집단 간 차이를 나타내지 않는다.

이런 문제를 해결하기 위해서 Scheffé가 사후비교분석(post-hoc comparison) 방법을 개발했다. 그의 이름을 따서 Scheffé 방법이라고 한다. 여기에서는 사후비교 분석의 절차와 SPSS와 jamovi에서 실행하는 법을 소개한다.

## 8.1. 모수통계 사후비교분석

앞선 예처럼 세 도시에서 각 10명의 학생들을 무작위로 표집하여 그들의 수능성적 평균을 비교한다고 하자. F검정에서 유의미한 결과가 나타났다면 각 도시의 비교(대비)를 위한 기각값은 가능한 모든 비교의

수로 나눌 수 있다. Scheffé가 제시한 기각값 S는, $S = \pm\sqrt{v_1(F_{v_1, v_2, \alpha})}$ 로 표현할 수 있다. 세 개 도시의 수능점수 평균의 차이를 비교하기 위한 기각값은 $S = \pm\sqrt{2(F_{2, 9, .05})} = \pm\sqrt{4(4.26)} = \pm 2.9$ 이다.

SPSS에서 일원분산분석 후 사후검증을 실행하기 위해 세 도시에서 각 15명씩 무작위로 표집한 고등학생의 수능성적이 아래와 같이 나타났다고 가정하자.

| A시 | B시 | C시 |
|---|---|---|
| 120 | 147 | 190 |
| 124 | 149 | 192 |
| 130 | 153 | 195 |
| 133 | 155 | 201 |
| 138 | 158 | 210 |
| 142 | 160 | 211 |
| 147 | 166 | 219 |
| 152 | 170 | 220 |
| 149 | 164 | 213 |
| 142 | 160 | 210 |
| 138 | 158 | 206 |
| 134 | 154 | 200 |
| 120 | 151 | 197 |
| 118 | 150 | 190 |
| 115 | 148 | 185 |

연구자의 관심은 먼저 overall F검정을 통해서 집단 간 평균차이의 유의미성을 규명하고, 집단간 차이에 대한 사후검정을 하는 것이다. 이를 위해 먼저 엑셀에 저장된 데이터를 불러온다.

## 8.2. 모수통계 SPSS에서 사후비교 검정

SPSS실행 후 파일 → 열기 → 데이터를 클릭 후 파일유형에 엑셀 (.xls, .xlxs)을 지정하고, 원하는 데이터를 클릭하고, 열기를 클릭한다.

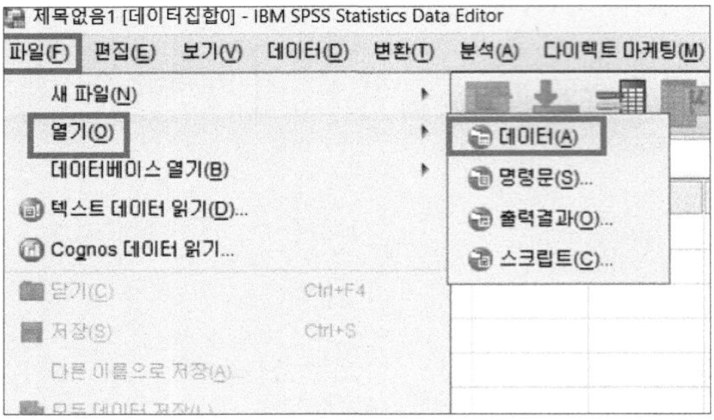


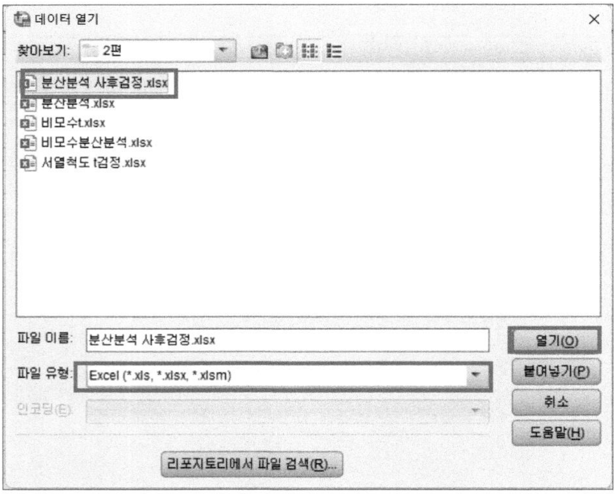

데이터가 열리면 변수보기에서 변수명과 측도를 지정한다. 수능성적은 척도, 도시는 명목으로 측도를 지정한다.

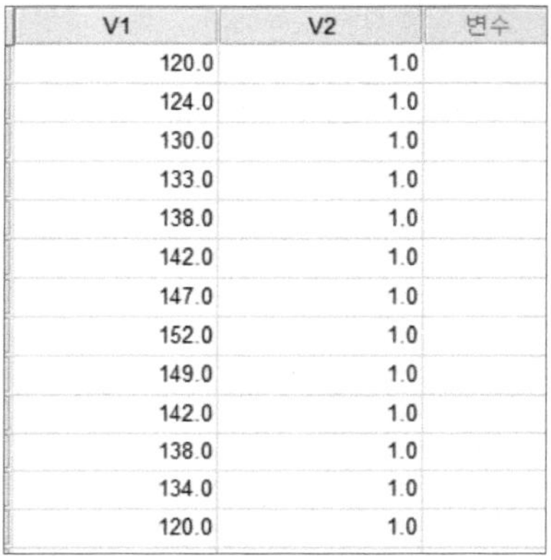

| V1 | V2 | 변수 |
|---|---|---|
| 120.0 | 1.0 | |
| 124.0 | 1.0 | |
| 130.0 | 1.0 | |
| 133.0 | 1.0 | |
| 138.0 | 1.0 | |
| 142.0 | 1.0 | |
| 147.0 | 1.0 | |
| 152.0 | 1.0 | |
| 149.0 | 1.0 | |
| 142.0 | 1.0 | |
| 138.0 | 1.0 | |
| 134.0 | 1.0 | |
| 120.0 | 1.0 | |

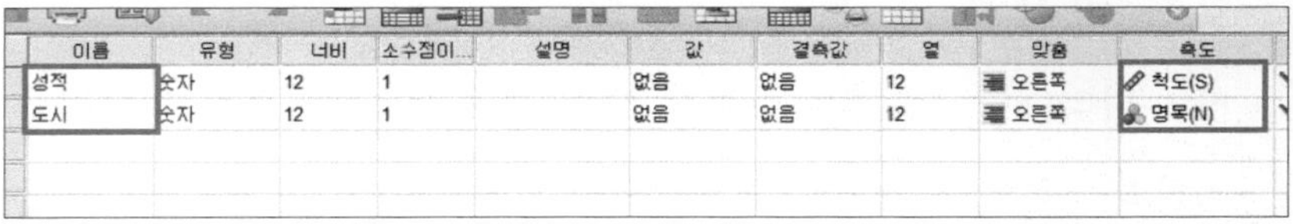

| 이름 | 유형 | 너비 | 소수점이... | 설명 | 값 | 결측값 | 열 | 맞춤 | 측도 |
|---|---|---|---|---|---|---|---|---|---|
| 성적 | 숫자 | 12 | 1 | | 없음 | 없음 | 12 | 오른쪽 | 척도(S) |
| 도시 | 숫자 | 12 | 1 | | 없음 | 없음 | 12 | 오른쪽 | 명목(N) |

이어서 변수보기 창에서 값을 더블클릭하여 변수값 설명을 입력한다. 예를 들어, 도시에서 1은 A시라고 입력하고 추가를 클릭한다.

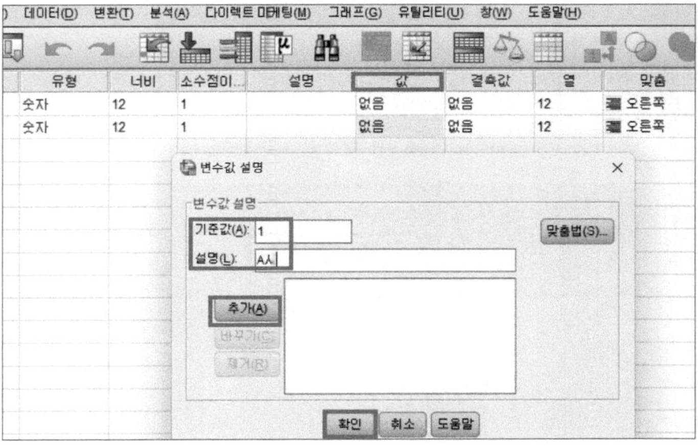

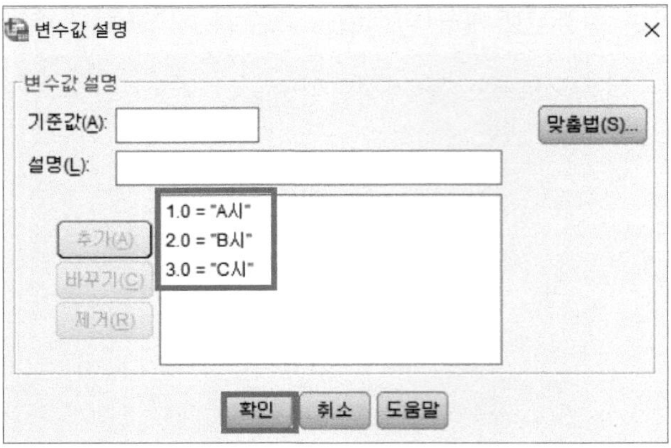


변수명과 측도 입력, 변수값 설명입력이 완료되면 다시 데이터 창으로 돌아와서 분석 → 평균비교 → 일원배치 분산분석을 클릭한다. 대화창이 나타나면 종속변수에 성적, 요인에 도시를 보내고, 사후분석을 클릭한다. 사후분석-다중비교 대화창이 나타나면 Scheffe를 클릭한다. Scheffe는 일반적으로 적용할 수 있고, 가장 보수적인 결과를 보여주어 1종 오차 통제에 유리하다.

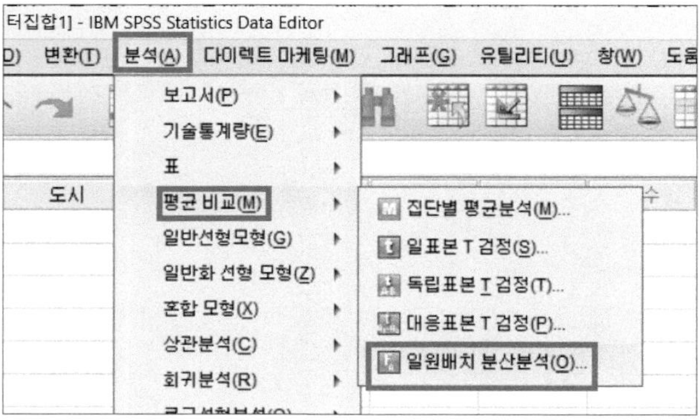

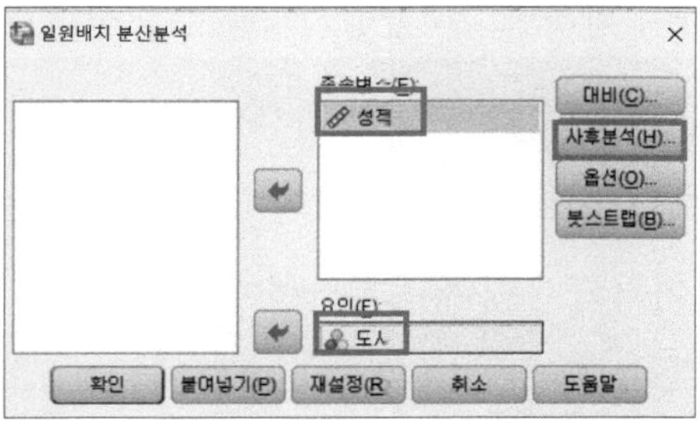


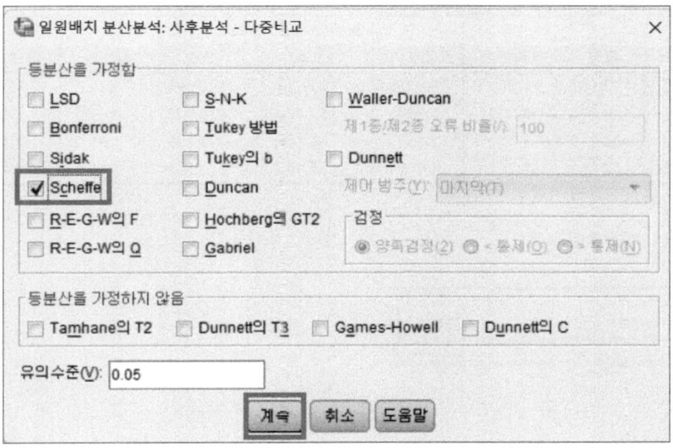


옵선탭을 클릭하여 기술통계, 분산 동질성 검정, 평균 도표 등을 클릭하고 계속을 클릭한다.

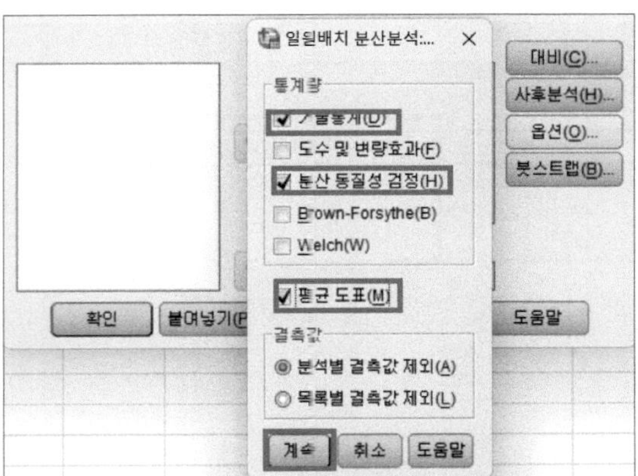

그러면 아래와 같은 결과값이 나타난다. 먼저 기술통계를 살펴보면 A시의 수능성적 평균과 표준편차($M$=133.47, $SD$=11.95), B시($M$=156.20, $SD$=6.90), C시($M$=202.60, $SD$=11.05) 등으로 나타났다. Levene의 분산 동질성 검정에서도 영가설이 기각되지 않아 등분산성이 만족되었다.

**기술통계**

성적

| | N | 평균 | 표준편차 | 표준오차 | 평균에 대한 95% 신뢰구간 | | 최소값 | 최대값 |
|---|---|---|---|---|---|---|---|---|
| | | | | | 하한값 | 상한값 | | |
| A시 | 15 | 133.467 | 11.9515 | 3.0859 | 126.848 | 140.085 | 115.0 | 152.0 |
| B시 | 15 | 156.200 | 6.9096 | 1.7841 | 152.374 | 160.026 | 147.0 | 170.0 |
| C시 | 15 | 202.600 | 11.0505 | 2.8532 | 196.480 | 208.720 | 185.0 | 220.0 |
| 합계 | 45 | 164.089 | 30.7570 | 4.5850 | 154.848 | 173.329 | 115.0 | 220.0 |

**분산의 동질성 검정**

성적

| Levene 통계량 | df1 | df2 | 유의확률 |
|---|---|---|---|
| 3.110 | 2 | 42 | .055 |

일원 분산분석 결과 F값은 통계적으로 유의미하게 나타났다 ($F_{2,42}$=178.67, $p<.001$). 즉, 세 개 집단의 수능성적 평균은 유의수준 .001에서 유의미하게 차이가 있다.

**일원배치 분산분석**

성적

| | 제곱합 | df | 평균 제곱 | F | 유의확률 |
|---|---|---|---|---|---|
| 집단-간 | 37245.911 | 2 | 18622.956 | 178.669 | .000 |
| 집단-내 | 4377.733 | 42 | 104.232 | | |
| 합계 | 41623.644 | 44 | | | |

Scheffe와 Tukey HSD(Honest Significant Difference) 방법으로 사후 비교검정을 수행한 결과는 아래와 같이 나타났다. 1종 오차 통제에 가장 엄격한(즉, 가장 보수적인) Scheffe 결과를 살펴보면 A시와 B시 사이에 유의미한 차이가 있었고($M_d$=-22.73, $p<.001$), A시와 C시($M_d$=-69.13, $p<.001$), B시와 C시($M_d$=-46.40, $p<.001$) 사이에서도 통계적으로 유의미한 차이가 있었다.

**다중 비교**

종속 변수: 성적

| | (I) 도시 | (J) 도시 | 평균차(I-J) | 표준오차 | 유의확률 | 95% 신뢰구간 | |
|---|---|---|---|---|---|---|---|
| | | | | | | 하한값 | 상한값 |
| Tukey HSD | A시 | B시 | -22.7333* | 3.7279 | .000 | -31.790 | -13.676 |
| | | C시 | -69.1333* | 3.7279 | .000 | -78.190 | -60.076 |
| | B시 | A시 | 22.7333* | 3.7279 | .000 | 13.676 | 31.790 |
| | | C시 | -46.4000* | 3.7279 | .000 | -55.457 | -37.343 |
| | C시 | A시 | 69.1333* | 3.7279 | .000 | 60.076 | 78.190 |
| | | B시 | 46.4000* | 3.7279 | .000 | 37.343 | 55.457 |
| Scheffe | A시 | B시 | -22.7333* | 3.7279 | .000 | -32.194 | -13.273 |
| | | C시 | -69.1333* | 3.7279 | .000 | -78.594 | -59.673 |
| | B시 | A시 | 22.7333* | 3.7279 | .000 | 13.273 | 32.194 |
| | | C시 | -46.4000* | 3.7279 | .000 | -55.860 | -36.940 |
| | C시 | A시 | 69.1333* | 3.7279 | .000 | 59.673 | 78.594 |
| | | B시 | 46.4000* | 3.7279 | .000 | 36.940 | 55.860 |

*. 평균차는 0.05 수준에서 유의합니다.

## 8.3. 모수통계 jamovi에서 사후비교검정

jamovi에서 위 데이터에 대해서 일원분산분석 및 사후비교분석을 위해서 먼저 jamovi에서 엑셀에 저장되어 있는 데이터를 불러온다. Open → Browse를 클릭하고, 파일형식에 Excel을 선택한다.

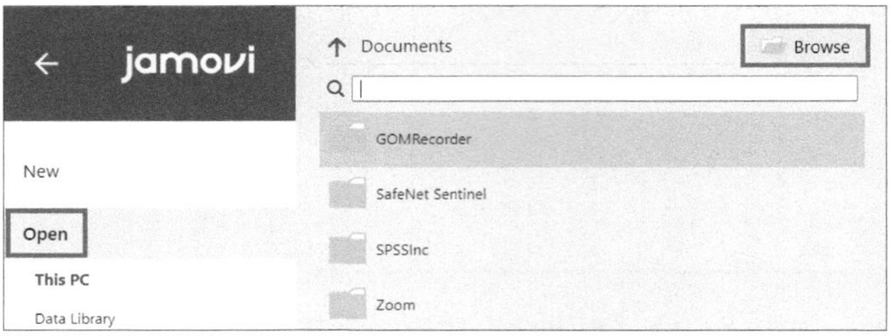


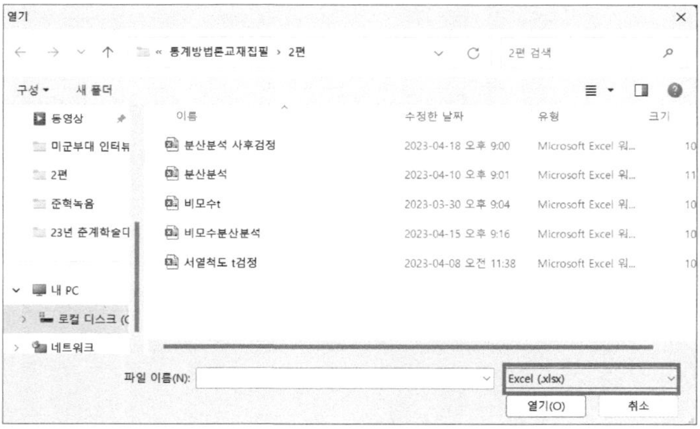

원하는 데이터를 선택하여 불러온 후 변수창(DATA VARIABLE)을 더블 클릭하여 변수명에 점수, Measure Type에 Continuous를 클릭하고, 다음 변수명에 도시, Measure Type에 Nominal을 클릭한다.

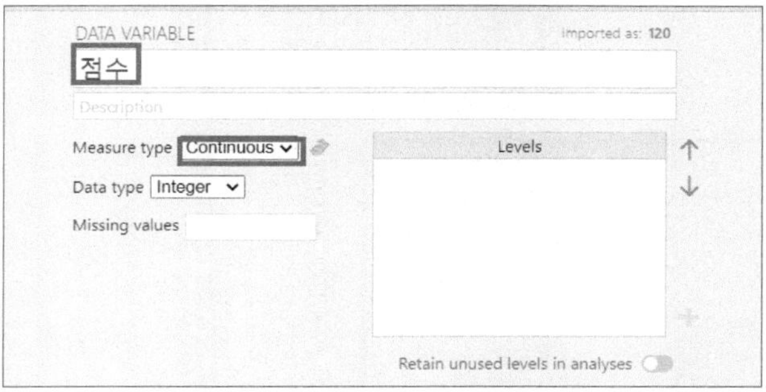


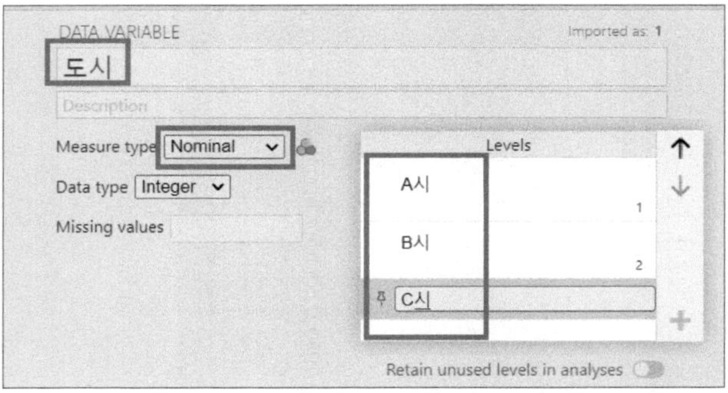


Analyses 창으로 와서 One-way ANOVA를 클릭한다. 대화창이 나타나면 Dependent Variable에 점수, Grouping Variable에 도시를 입력한다. 아래 option창에서 Don't assume equal(Welch's)와 Assume equal(Fisher's)를 클릭하고, Descriptive table, Assumption Checks에서 Homogeneity test, Normality test에 클릭한다.

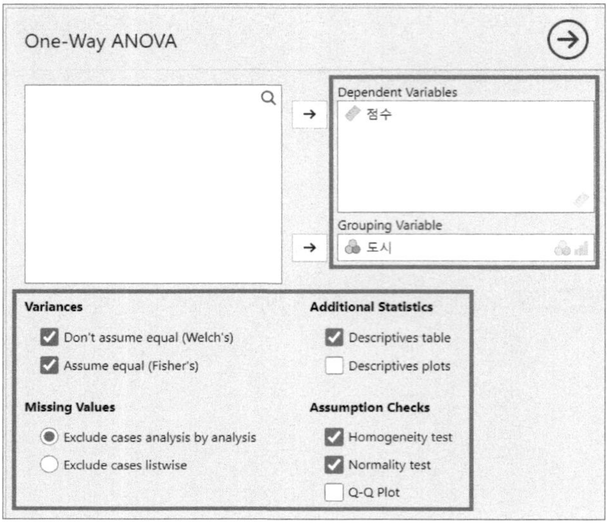


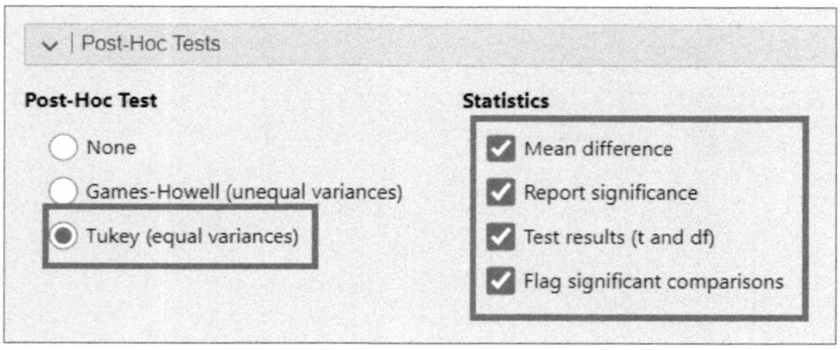


Post-Hoc Tests(사후검정)에서는 Tukey(검정력이 높음)를 클릭하고, statistics의 네 가지 옵션을 모두 클릭한다. 가정검정 결과를 살펴보면 Shapiro-Wilk 정규성 검정에서 영가설이 기각되지 않아서 정규성이 만족되었고($W$=0.98, $p>.05$), Levene의 등분산성 검정 결과도 영가설이 기각되지 않아서 등분산성이 만족된 것으로 나타났다(*Leven's F*=3.11, $p>.05$). 두 가지 가정이 모두 충족되었으므로 Fisher's F값을 살펴보면 통계적으로 유의미하게 영가설이 기각됐다($F_{2, 42}$=179, $p<.001$). 즉, 세 표본이 대표하는 모평균은 통계적으로 유의미하게 동일하지 않다.

Overall F검정에서 유의미한 결과가 있었으므로 사후검정을 해야 하는데, jamovi One-way ANOVA에서는 사후검정 옵션으로 Tukey HSD (검정력이 높음)를 제공한다. 그 결과 A시와 B시, A시와 C시, B시와 C시 사이에 유의미한 차이가 있는 것으로 나타났다.

## One-Way ANOVA

One-Way ANOVA

| | | F | df1 | df2 | p |
|---|---|---|---|---|---|
| 점수 | Welch's | 146 | 2 | 26.2 | < .001 |
| | Fisher's | 179 | 2 | 42 | < .001 |

Group Descriptives

| | 도시 | N | Mean | SD | SE |
|---|---|---|---|---|---|
| 점수 | A시 | 15 | 133 | 11.95 | 3.09 |
| | B시 | 15 | 156 | 6.91 | 1.78 |
| | C시 | 15 | 203 | 11.05 | 2.85 |

## Assumption Checks

Normality Test (Shapiro-Wilk)

| | W | p |
|---|---|---|
| 점수 | 0.976 | 0.462 |

*Note.* A low p-value suggests a violation of the assumption of normality

Homogeneity of Variances Test (Levene's)

| | F | df1 | df2 | p |
|---|---|---|---|---|
| 점수 | 3.11 | 2 | 42 | 0.055 |

**Post Hoc Tests**

Tukey Post-Hoc Test – 점수

| | | A시 | B시 | C시 |
|---|---|---|---|---|
| A시 | Mean difference | — | -22.7 *** | -69.1 *** |
| | t-value | — | -6.10 | -18.5 |
| | df | — | 42.0 | 42.0 |
| | p-value | — | < .001 | < .001 |
| B시 | Mean difference | | — | -46.4 *** |
| | t-value | | — | -12.4 |
| | df | | — | 42.0 |
| | p-value | | — | < .001 |
| C시 | Mean difference | | | — |
| | t-value | | | — |
| | df | | | — |
| | p-value | | | — |

*Note.* * p < .05, ** p < .01, *** p < .001

jamovi에서 One-way ANOVA와 함께 ANOVA라는 분석 옵션도 있는데, ANOVA를 클릭하면 Tukey외에서 Scheffe검정 등 사후분석 옵션을 제공한다. jamovi를 실행한 후 Analyses → ANOVA → ANOVA를 클릭한다.

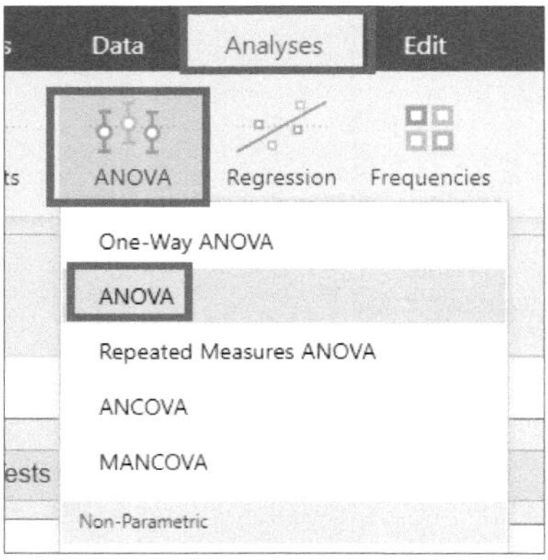

대화창이 열리면 Dependent variable에는 점수, Fixed Factors에는 도시를 입력한다. Model Fit에는 overall model test를 클릭한다.

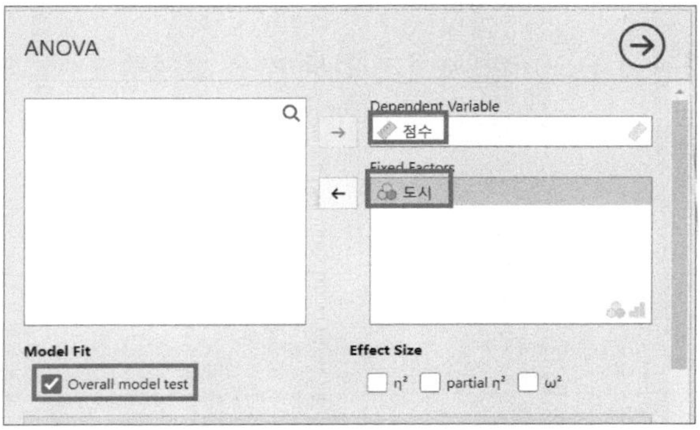


다음으로 Post Hoc Tests에서 도시를 오른쪽 검정변수 창으로 보내고, Correction 선택창에서 Tukey, Scheffe, Bonferroni를 선택한다. Effect Size에는 Cohen's d와 95% Confidence interval을 클릭한다. Tukey test는 비교하는 집단의 표본이 동일하고, 일대일로 짝비교를 할 때 적용하고, Scheffe는 1종 오차를 .05이하로 통제하는데 유리하며, Bonferroni는 유의수준을 비교횟수로 나누어 교정하는 것으로 1종 오차 통제에 유리하다.

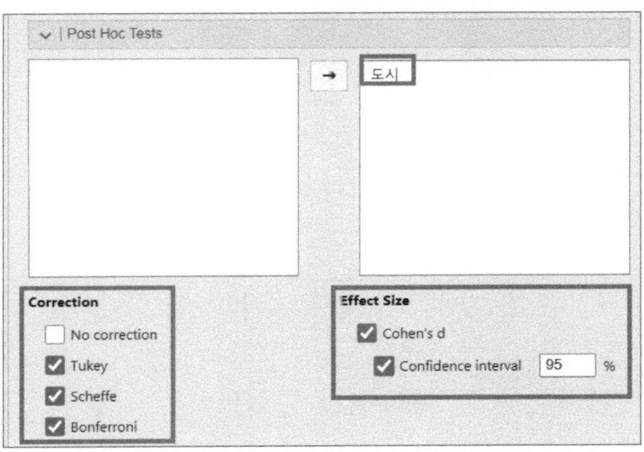

Cohen's d는 사후검정에 대한 효과크기로서 통상 .20이하는 small, .50까지는 medium, .80이상은 large로 평가한다. 나타난 결과를 살펴보면 Tukey, Scheffe, Bonferroni 검정 모두 A, B, C도시 간 각각 수능성적 평균에 유의미한 차이가 있는 것을 보여주고, 효과크기도 큰 것을 보여준다.

Post Hoc Comparisons - 도시

| Comparison | | | | | | | | | | | |
|---|---|---|---|---|---|---|---|---|---|---|---|
| 도시 | | 도시 | Mean Difference | SE | df | t | $p_{tukey}$ | $p_{scheffe}$ | $p_{bonferroni}$ | Cohen's d |
| A시 | - | B시 | −22.7 | 3.73 | 42.0 | −6.10 | < .001 | < .001 | < .001 | −2.23 |
| | - | C시 | −69.1 | 3.73 | 42.0 | −18.54 | < .001 | < .001 | < .001 | −6.77 |
| B시 | - | C시 | −46.4 | 3.73 | 42.0 | −12.45 | < .001 | < .001 | < .001 | −4.54 |

*Note.* Comparisons are based on estimated marginal means

## 8.4. jamovi에서 비모수통계 사후비교 검정

만약 종속변수가 서열척도이거나, 등분산성 가정 등이 만족되지 않아 비모수적 일원분산분석을 시행한다면 jamovi에서 사후검정을 시행하는 절차를 소개하기로 한다. 앞장에서 예를 들었던 데이터를 이용한다.

| A도시 | B도시 | C도시 |
|---|---|---|
| 20 | 523 | 190 |
| 89 | 304 | 167 |
| 43 | 766 | 286 |
| 26 | 543 | 157 |
| 90 | 441 | 215 |
| 12 | 580 | 215 |
| 22 | 310 | 133 |
| 13 | 429 | 290 |
| 107 | 433 | 201 |
| 150 | 389 | 375 |

jamovi에서 비모수적 일원분산분석 후 사후검정을 시행하기 위해서 엑셀 형식으로 저장되어 있는 데이터를 불러온다. jamovi → Open → Browse를 클릭한다. 데이터 열기 대화창이 열리면 파일유형에 Excel을 지정하고, 데이터가 저장된 폴더에서 데이터 파일을 클릭한다.

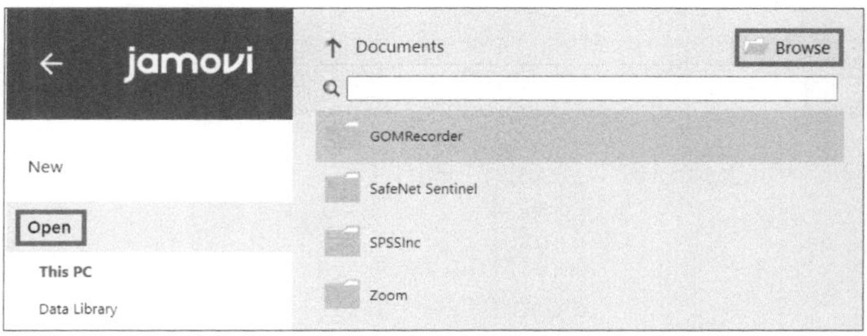


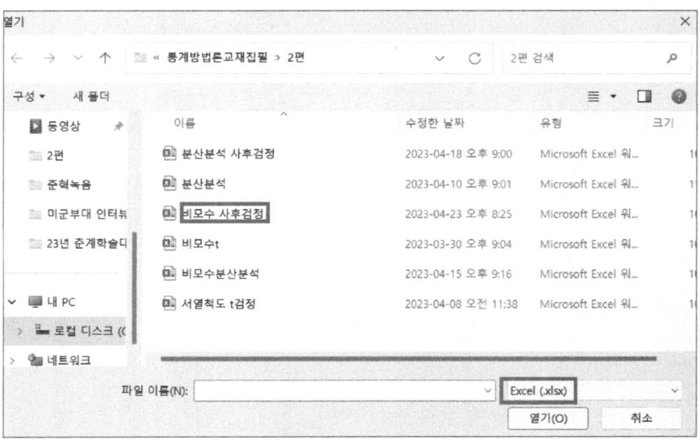


데이터를 불러온 후 파일명과 척도수준을 지정한다. 등수는 Measure Typed을 Ordinal, 도시는 Nominal로 지정한다.

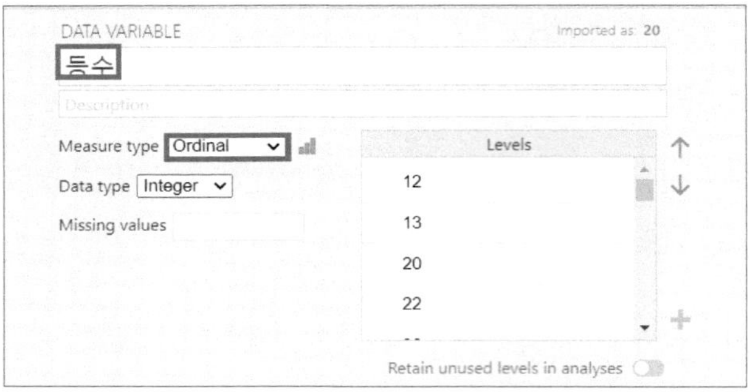


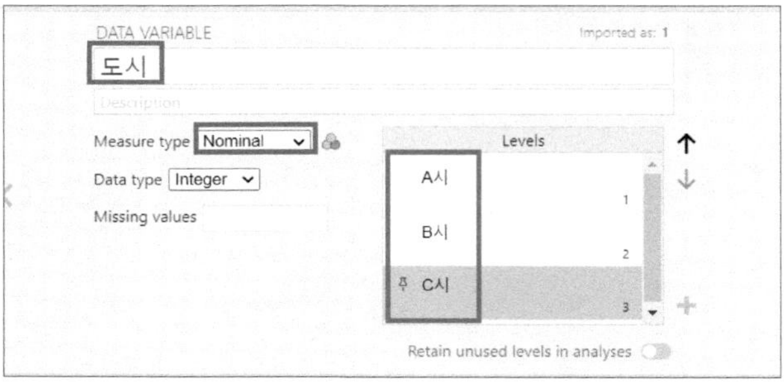


데이터 보기창에서 Analyses → ANOVA → One-Way ANOVA Kruskal-Wallis를 클릭한다. 대화창이 나타나면 등수를 Dependent Variables, 도시를 Grouping Variable로 보낸다.

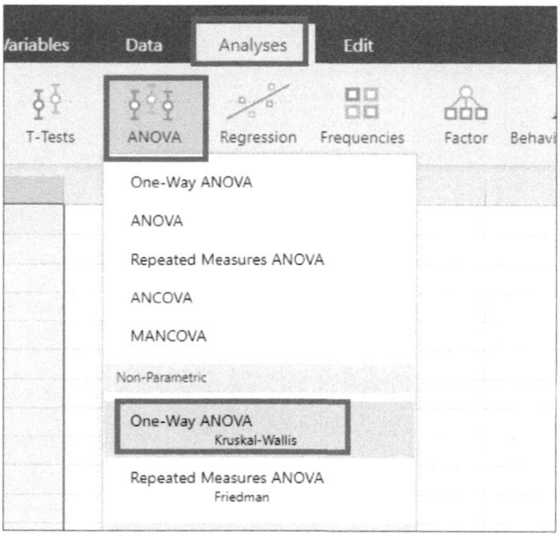

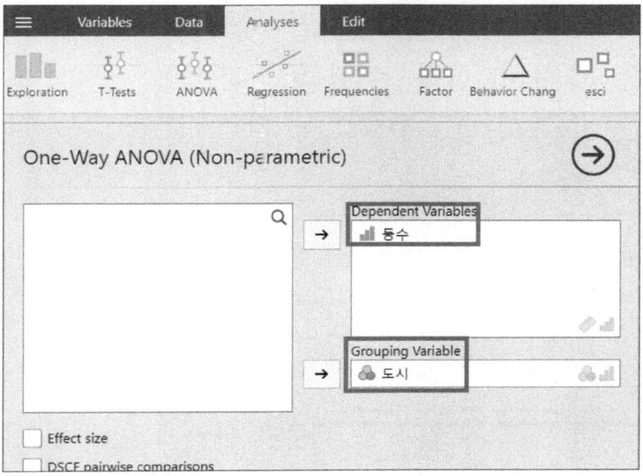


이어서 밑에 있는 Effect size와 DSCF pairwise comparisons를 클릭한다.

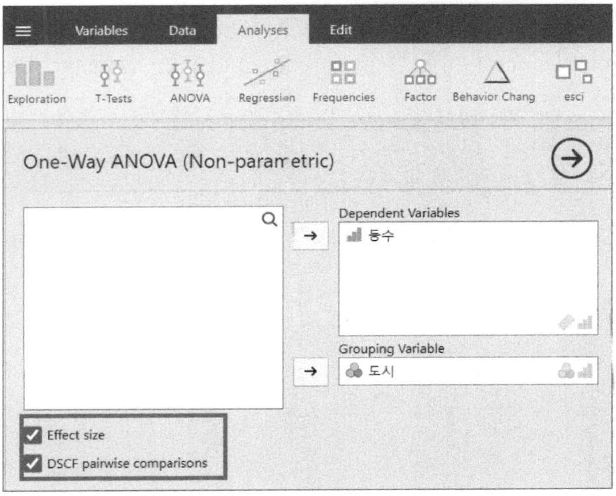

결과를 살펴보면 One-way ANOVA(Non-parametric)에서 카이제곱 값은 통계적으로 유의미하게 나타났고($\chi^2$=25, *df*=2, $p$<.001), 효과크기(에타제곱)은 큰 것으로 나타났다($\epsilon^2$=.86).

**One-Way ANOVA (Non-parametric)**

Kruskal-Wallis

| | $\chi^2$ | df | p | $\varepsilon^2$ |
|---|---|---|---|---|
| 등수 | 25.0 | 2 | < .001 | 0.864 |

**Dwass-Steel-Critchlow-Fligner pairwise comparisons**

Pairwise comparisons - 등수

| | | W | p |
|---|---|---|---|
| A시 | B시 | 5.35 | < .001 |
| A시 | C시 | 5.24 | < .001 |
| B시 | C시 | -5.13 | < .001 |

세 개 도시간의 비모수적 사후검정 결과를 보여주는 Dwass-Steel-Critchlow-Fligner의 짝비교(pairwise comparisons)를 살펴보면 모든 짝비교는 통계적으로 유의미하게 나타났다. 이러한 비모수적 사후검정을 통해서 overall test에서 밝히지 못한 개별 집단 간 평균차이의 유의미성을 규명할 수 있다.

## References

성태제 (2020). 현대 기초통계학: 이해와 적용. 서울: 학지사.

Dunn, O.J. (1961) Multiple Comparisons among Means. Journal of the American Statistical Association, 56, 52-64. https://doi.org/10.1080/01621459.1961.10482090

MacDonald, P. L., & Gardner, R. C. (2000). Type I Error Rate Comparisons of Post

Hoc Procedures for I j Chi-Square Tables. Educational and Psychological Measurement, 60(5), 735-754. https://doi.org/10.1177/00131640021970871

Zaharatos, B. (2023). Planned Comparisons: Defining Contrasts. https://www.coursera.org/lecture/anova-and-experimental-design/planned-comparisons-defining-contrasts-x43cD

jamovi를 이용한 사회과학연구방법론 시리즈:
#2 t검정과 일원분산분석


저자 정병삼

정가 15,000원
ISBN 978-89-5568-526-8
발행일 2023년 12월 29일

출판사 도서출판 양서각
주소 경기도 가평군 청평면 소돌말길 7-6
전화번호 010-2063-5489

반품처 서연물류
주소 경기도 파주시 장터고개길 120
전화번호 010-9228-7723